懶人圖解簡報術：

把複雜知識變成一看就秒懂的圖解懶人包

林長揚

扁平化之王─林長揚

推薦人：楊斯桔醫師

我這篇文章就是林長揚這個人的懶人包。

長揚本來是一位在醫院服務的物理治療師，現在是一位全職企業講師，講授簡報技巧、懶人包等主題課程，當中轉折，如果你聽過謝文憲憲哥「三點不動一點動」的理論，長揚人生跑道的轉換，不可謂不大。

故事是這樣開始的，我在 2014 年年底的時候，接到外商邀約，主持兩天型態的簡報工作坊（T 姊透過網誌文章找上我，三通電話打動我，日後展開數年合作），接下來一年半，我用百分之百的力氣投入這個事業，當時完全沒當醫師，兩天型態的簡報工作坊是很有趣的活動，有別於兩個小時、四個小時或是一天的課程。兩天的工作坊，重頭戲就是第二天一定會請學員上台演練，簡報的精神就是 presentation，而不是 slides，所有的 slides 都可以外包，根據你的預算，他可以變成任何你想要的樣子，難是難在講師要怎麼調整工作坊學員的心態，讓學員願意為了日後的聽眾，重新設計自己的演講內容，調整自己的教學手法，俾使聽眾願意參與、學到更多，而不是放任聽眾低頭神遊，掩卷掩面。

我們一開始拿到的課約多來自醫院、藥廠，後來也拿到國內五百大企業，甚至國際前二十大市值公司的授課邀約。

醫學簡報這塊教育訓練市場入行門檻很高，長揚的醫院背景對他大加分，他常接到醫師赴國外演講需要加強上台訓練的需求，有時是醫院一日講座的邀約，藥廠比較乾脆，會給我們兩天時間設計工作坊訓練十六位學員。工作坊絕對不是只在學一些剪貼跟認識色塊，我認為最精髓就是參與者要根據所學，調整內容，以期在工作坊期間內的上台演練時，能說服同一個教室的其他參與者，通過這個標準，我對他

們踏出教室後的改變，才有信心。

我會閱讀每一份學員給我的評價，也用 EXCEL 整理過學員給我的歷年評價，我曾跟長揚老師分享，憲哥告訴我：「講師圈如果評價拿不到 4.X（業界秘密，恕我不說），就可以準備退出了」，我歷年評價是 4.9（滿分五分），雖然偶爾會遇到給 4.4 分的，但憲哥早說過「三分之一的人喜歡你、三分之一的人討厭你，三分之一的人隨便你」是常態，所以不用跟那些給你特別低分的人過不去，但要確實找出自己可以精進的痛點去改變教學手法，提升教學成果。

我記得 2016 年初開始，我開始會放課給長揚老師上場，他的滿意度非常高，有時超過我一些，有時跟我打平，就算輸我，也輸的不多。這給我一個警訊：如果我仍想當全職講師，我的好日子不多了，尤其我又虛長他十歲，如果分屬不同管顧打對台，就算功力平手，我年紀、體力大虧，日久必敗。

2016 年中，人生的劇本彷彿早就寫好，我在美國進修的最後兩天，家父意外重病，流感併發肺炎住進加護病房命在旦夕，我趕回台灣時，第一要務先陪病，前後一個多月，然後毅然決定，七月開始接下診所重擔。

我的挑戰跟考驗來了，整個下半年度，周末有老早排好的滿滿的教學場次，我不能一聲不響地說不教就告失蹤（業界有人這樣，一夕臭掉），勢必得嚴正思考要怎麼創造對管顧、對長揚老師以及我個人的多贏局面。

我決定跟管顧、長揚開口，請長揚辭掉物理治療師，全職擔任講師，並且請管顧聘請長揚為專任講師，給予薪資上的保障。

很順利的，兩造都答應我的要求，我扮演好調和鼎鼐的角色，長揚老師在各工作坊的角色也愈來愈吃重，最後獨當一面，引領風騷。

　　簡報工作坊之外，長揚老師獨立開發的懶人包課程，也獲得很大迴響，網路上眾多瘋傳作品，多出自他或是他工作坊學員之手，議題觸及非洲豬瘟、防治性侵、甚至是兩造爭議不休的勞基法議題。

　　長揚辦了好幾梯的懶人包講座跟課程，獲得許多迴響，由於想讓更多人知道懶人包有多好用，長揚把懶人包的心法、技法，毫不藏私的寫在他的第一本書裡。

　　讀完這本書，請你嘗試用書中所教的，分享你自己的專業或是你的產品，讓我們看看，究竟有沒有神效！

為什麼你需要學懶人圖解簡報術？

推薦人：火星爺爺

為何大家都愛懶人包？

怎麼一時之間，大家都不愛波蘿包、髒髒包？
一窩蜂搶進懶人包？

是人們變懶了嗎？

不，是人們對複雜資訊的吸收變懶了。這時
代不是你有道理，人們就會理你。

犧牲小我，結果沒人理我

你一肚子墨水，卻還在用密密麻麻的文字傳播嗎？努力書寫，期待天道酬勤，結果證明只是賤人矯情！

沒進宮的楊玉環就是個胖妞

一肚子墨水傳不出去，就是沒進宮的楊玉環。宅在家的楊胖妹變不了貴妃，沒法揚名立萬，光宗耀祖！

他不能秒懂，就跟你秒Bye

沒人看密密麻麻文字，那怎麼辦？必殺招：
圖解懶人包。透過簡單好懂的圖文設計，讓
大家秒懂。

一直當意見鄉民，不膩嗎？

人人有意見，為何聽你的？把訊息從「村姑」
變「辣妹」，人們就聽你的。你就從「意見
鄉民」變「意見領袖」！

找專家，省時間

你臉書貼文最多幾人分享？長揚的「勞基法懶人包」15,000次分享。專家手把手教你，一學就會。不然，這份序言懶人包就怎麼來的？

林長揚

學會懶人包，再見滿頭包

把複雜知識變成圖解懶人包，良藥苦口變可口。快跟長揚學圖解懶人包，拯救同胞不被艱深知識K得滿頭包。

目錄

PART I

其實一點也不懶的
高成效懶人圖解簡報

什麼是圖解懶人包？
進化成「懶人圖解簡報」吧！

- 你知道什麼是懶人包嗎？
- 你知道懶人包的優點是什麼嗎？
- 你知道懶人包是從什麼地方開始的嗎？

隨著網路跟手機的普及，現代人接收資訊的管道越來越多，以前只能靠報紙、雜誌、少數電視媒體，才能知道少量的資訊或時事；現在只要有支手機連上網路，各式各樣的資訊都隨你探索，還能突破地域限制，想知道哪裡的資訊，只要隨意滑一下就可以取得。

因為資訊取得方便，我們的生活幾乎被各種資訊塞滿，以 Facebook 來說，根據統計每天我們一打開 Facebook，就至少有 1500 則貼文等著我們看，靜下心來想一想，這麼多貼文看得完嗎？難度很高啊！而且貼文是每分每秒一直在增加，光是 Facebook 就這麼多資訊，更不用說還有其他的社群平臺，例如：IG、推特…等，而且還有 LINE 的各式群組等著你，更進一步還有 Email 的各種電子報、廣告，現代人可說是被資訊洪水給淹沒了！

> **在這種資訊爆炸的狀況下，每當有時事或是熱門話題發生時，我們不怕沒有相關資訊可看，反而是資訊太多，根本「看不完」！甚至越看越迷糊！**

　　除此之外，很多人不是在話題或時事剛發生的時候就接觸到，常常是過了一陣才加入討論，這時就會發現不知道大家在討論什麼，現在進行到什麼程度，想要弄清楚卻又被太多資訊搞得頭昏腦脹。這時通常就有熱心的網友整理相關的人事時地物，例如什麼時候發生的、發生什麼事情、甚至更詳細的會列出影響了哪些人，以及目前進展、網友有什麼討論…等，把全部的資訊整理成一篇文章，讓人只要讀這一篇就能概略了解事情的全貌，這就是所謂的「懶人包」！

　　懶人包的起源，同時也是當年最風行的地方，就是線上 BBS 論壇PTT，當初就是因為熱心的 PTT 鄉民常會整理話題與時事，並叫大家直接看這篇就好，「懶人包」這個詞才因應而生，直到現在每當有大事發生時，鄉民們都還是會呼喚懶人包！

　　又因為當年的 PTT 文章大多只有文字，因此懶人包最一開始的呈現方式都是純文字，但隨社群媒體的興起、網路的發達、手機的進化，連帶改變了我們的視聽習慣，純文字懶人包已經無法滿足大部分觀眾的需求，因此懶人包已經進化成必定有圖文搭配，目前在網路上有非常多精美的圖文懶人包，都獲得很大的迴響。

要讓一般人也做得出來的圖解懶人包

　　但許多圖文懶人包是由專業的平面設計師直接繪製，一般人很難製作出來，要從頭學也會耗費大量時間成本。

　　為了讓每個人都能製作屬於自己專業知識的懶人包，我結合自己專長，把過去研究簡報以及扁平化設計的心得，融合了懶人包的形式，發展了另一種全新呈現方式，也就是：

> **把「精煉過」的知識，搭配上簡明扼要的「扁平化圖示」，不用很強設計背景，不用苦練高深技巧，只要學會基本原則，用一般的簡報軟體就能創造屬於自己的懶人包！**

我用這種呈現方式發表了許多作品，例如非洲豬瘟懶人包、台灣醫療現況、物理治療介紹、防制兒童性騷擾…等，每一份懶人包都獲得了很棒的迴響！

除了整理時事資訊之外，我還把各種專業知識、工作經驗秘訣、生活體悟、閱讀心得、上課心得…等內容濃縮淬煉，搭配扁平化圖示，轉化成易懂又好看的懶人包，在發表作品期間，我發現這種做法不但可以有效的提供正確資訊，更能幫助觀眾很快的理解各種主題，並引發後續行動。

———

更有效簡報：消除溝通障礙、傳播專業知識

某天我突然頓悟：「這其實跟做簡報不謀而合啊！」

懶人圖解簡報雖然有「懶人」兩字，但我覺得這不代表製作的人懶或是閱讀的人懶，因為製作的人必須消化大量資訊，還要轉化成觀眾看得懂的內容，並加上相對應的圖像，經過許多工序才產出懶人圖解簡報。

> **因為好簡報的效果就是在短時間內有效傳達大量知識，讓觀眾快速理解並採取行動，我認為這種呈現的方式跟以往不一樣，這是進化後的懶人包，應該稱為懶人圖解簡報！**

而閱讀的人是主動想學習新知、瞭解時事，還特別花時間看懶人圖解簡報。無論從任何角色、任何面向來看，懶人圖解簡報其實一點都不懶，反而是幫助觀眾節省大量時間的好工具！

因此懶人圖解簡報背後的意義就是省時，並消除溝通障礙。

從這個意義出發，我們可以發現懶人圖解簡報有許多用途：

* 整理時事資訊
* 傳播你的專業知識
* 幫助建立個人品牌與網路聲量
* 做成公司品牌介紹，獲得消費者青睞
* 製作提案簡報、書面報告

只要掌握了核心思想跟製作關鍵，就可以把懶人圖解簡報發展出更多用途，讓它成為你生活與工作的有力工具，幫助你快速建立個人品牌。

也因此，我認為只有自己會這個技術是不夠的，如果有越多人會製作懶人圖解簡報，就能有越多的好知識獲得傳播，有更多人能節省時間，因此我想邀請你一起踏上懶人圖解簡報的旅程，讓我們一起好好善用這個新時代工具為自己加分：

消除*溝通的障礙*，*傳播*好知識到更多的地方。

　　接下來，就讓我們一起開始，一步步練習如何把知識淬煉成懶人圖解簡報！

I-2

為什麼要把知識淬煉成
懶人圖解簡報？

因為演講跟教學關係，近年來認識了各領域的專家，在某次閒聊中，有位朋友感慨道：「為什麼我覺得自己的專業知識很有含金量，但是在網路上發表評論或專業時，卻很少人看？」

相信很多專業人士都有這樣的感慨，覺得反倒是那些譁眾取寵的人，隨便發個圖文或影片就能獲得幾百幾千個讚，或是一堆人留言，但是他們的東西又不一定是對的！

每當聽到這些抱怨，我總是這麼勸他們，不要只是傻傻的等待有緣人來了解你，這樣太看緣分。你可以想想自己的東西該如何讓人想看，這樣才對。曲高和寡到最後只會被消音而已，就像是有名的哲學問題一樣：「假如一棵樹在森林裡倒下而沒有人在附近聽見，它有沒有發出聲音？」好的知識如果沒有人知道、沒有人看過、沒有人有印象，那這個知識還算存在嗎？

因此，如果你也想要讓自身專業知識擴散的話，不該鄙視所謂的網紅或是你認為半瓶水的人，我們反而要想一想，這之間的差別在哪裡？學習他們的長處，運用到自己身上。我認為最重要的一點，就是他們的東西是大眾想看的，這也是要把專業知識轉換成懶人圖解簡報的原因！如果你沒有辦法跨越「讓人想看」的門檻，含金量再高都沒有用處。

所以，要練習把知識轉換成懶人圖解簡報，有以下三大理由。

三大理由

讓人想看　　　　表達清楚　　　　個人品牌

什麼是「讓人想看」？

某天我突然頓悟：「這其實跟做簡報不謀而合啊！」

資訊爆炸讓人的專注力越來越下降，隨著聲光刺激越來越多、越來越強，你有沒有發覺自己的耐性、專注力慢慢的比以前差？而且‧‧‧

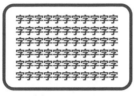 VS

你會發現比起純文字，圖片跟影片才能獲得你的注意。因此我們如果只用文字來表達專業知識，其實很容易被無視，因為沒人想看。

好知識　　　好圖像　　　讓人想看

我們可以做個改變，把知識搭配相對應的圖像，做成簡單大方的懶人圖解簡報，這能讓知識擺脫硬邦邦的形象，引起觀眾的興趣，踏出讓人想看的第一步。

什麼是「表達清楚」？

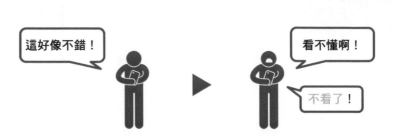

專業知識會曲高和寡，通常是觀眾有興趣看卻發現看不懂，最後就不看了。很多人沒有考慮到這問題，總認為是觀眾水準太低，不是自己的問題。

但這樣沒有辦法幫助知識流傳，只會一直封閉在自己的象牙塔裡，繼續自怨自艾。

好知識 　＋　 好加工 　＝　 看得懂

所以我們要把專業知識經過轉化，產出初學者都看得懂的
內容，才能讓觀眾看得懂、能吸收。如果只是配上圖片，
沒轉化內容，就只是有插圖的無聊課文而已。

什麼是「建構個人品牌」？

收入 　＋　 升遷 　＋　 交流

在網路上發表專業文章，都是在為自己建構個人品牌，搭
建自己的自媒體，這很有可能為你帶來更多機會，例如升
遷、業外收入、人際交流，以及有許多意想不到的可能。

我曾經有許多學員，他們把自己的專業做成懶人圖解簡報發表之後，獲得其他領域專家的青睞，開啟了許多不一樣的合作機會。

　　也有人把對時事的意見做成懶人圖解簡報，就接到了政府機關的聯繫，希望能請他來製作做政策宣導的懶人包。

　　更有學員因為做了讀書心得的懶人圖解簡報，知名出版社就上門詢問，請他協助製作新書的懶人圖解簡報，幫助行銷推廣。

　　這些案例都說明了懶人圖解簡報不僅讓人想看，而且大家有學到知識，還可以有效建立個人品牌，是開拓更多機會的好工具。

> **知識的本質都是不變的，只是我們要考慮該用什麼媒介讓大眾**想要這些知識。

　　我覺得懶人圖解簡報之所以有用，就是因為現代人都想要快速的獲取知識，但是又不想花太多時間去理解太多、太難的文字，因此我們利用懶人圖解的呈現方式，就能迎合觀眾們的喜好，不但可以幫他們解決腦力，我們也可以順利傳打專業知識，並建立個人品牌，可說是一舉數得的好方法。

I-3

製作懶人圖解簡報的
關鍵心態

　　阿寶是一位小兒科醫生，也是我的好朋友。某次聚會他跟我聊到：「我最近想要在網路上建立個人品牌，為未來職涯做準備，於是我就開始發表一些育兒知識，或是小兒疾病治療相關文章，不但建了粉絲專頁，還架了部落格。但是我發現文章的瀏覽數跟粉絲數都好少啊！跟那些知名的育兒專家比起來，真是天差地遠！我講的明明就是相同的議題，怎麼會這樣？是不是要跟你一樣做懶人圖解簡報，才會有人看呢？」

　　看著他苦惱的神情，我說：「其實每個人在剛開始的時候，都是這樣子。臉書有個功能叫做動態回顧，能讓你看一看多年前的這一天做什麼事，雖然我現在的懶人圖解簡報稍微有人看，但當我看到動態回顧時會發現，以前的貼文其實跟你一樣，都很少人分享或留言啊！只要持續努力的產出，不用怕沒有人知道你的品牌。」

　　這也是我想跟大家分享的，當你製作並發表懶人圖解簡報，必須要具備的正確心態，那就是「請不要急著跟別人比較」，而且千萬不要在一開始就跟領域中的領頭羊比較。因為這很容易只看到他們目前光鮮亮麗的那一面，卻忘了思考他在成名的過程中有多少犧牲與努力，以及他花了多少時間才累積到現在這樣。

> **個人品牌其實就是靠時機跟累積。**

就像現在許多的部落客、網紅知名度很高，首先就是因為他們在對的時機做了對的事情，大多數的知名部落客都在部落格、臉書粉專剛崛起時就開始經營，這就是時機給他的紅利。但光有時機不夠，你會發現他們每天都會發表文章，日復一日的不斷累積，綜合了這些天時地利人和，才造就他們一呼百應的現況。

時機很難預測，所以我們最能掌握的就是累積

　　如果你想經營個人品牌，先問問自己能不能週期性產出相關文章？能不能針對觀眾需求一直產出作品？這些堅持才是個人品牌發光的關鍵。

> **請記得，製作懶人圖解簡報最重要的觀念，就是請持續的累積作品。**

　　並且請跟自己比較，看看自己發文的互動率、留言率是不是有比以前的發文高？不斷利用這些小成就來為自己加油，給自己繼續前進的動力。如果一開始就跟最強的人比，很有可能一下子信心就被打垮，就再也不想做這些事了，這就失去了累積的機會，請千萬要小心。

I-4

懶人圖解簡報的
9 種應用管道

當建立了正確心態之後，我們就可以開始來思考，懶人圖解簡報可以用在哪些地方來增加自己的名聲呢？以下分享我做過與看過的用途。

社群媒體的分享擴散

這是懶人圖解簡報最原始的出處，也是最常出現的地方，你可以把自己的專業知識、生活見解，甚至是讀書聽講的心得等等的內容，濃縮後做成懶人圖解簡報放在社群媒體分享。

這個管道有非常大機會可以觸及到很多人，並且建立自媒體。請記得小眾並不小，不用怕東西沒人看，因為我們不用稱霸世界，只需要建構自己的世界。

演講授課的輔助教材

課前將課程資料製作成懶人圖解簡報，作為課前閱讀資料；課後將重點整理，寄給學員幫助他們複習；此外，課程中也可以把懶人圖解簡報串成影片播放，讓觀眾靜心閱讀。

懶人圖解簡報強調不用解說，用看的就能看懂，這能讓觀眾靜下心來，課前、課中或課後，都能自學，並且開始專注在你真正要講的更進階內容上面，可說是一舉數得！

產品介紹說明的圖解

把自家產品介紹改成懶人圖解簡報，消費者回饋說這讓他們有耳目一新的感覺，而且會想看介紹到底說了什麼，比起以前只有純文字要來得吸睛許多，而且接受度也更高了！

如果你想讓自家產品更有特色，不妨試試把介紹與說明書都用懶人圖解簡報來呈現！

品牌介紹從文字到圖解

有學員在課後將自家新創品牌介紹、服務項目、創辦人的話、甚至是 Q&A 都做成一份份的懶人圖解簡報，創造出獨特感，也在同業中掀起一陣炫風！

徵人啟事或公司說明的圖解化

如果想要吸引人才，除了用文字說明職務內容外，將其圖像化是個好選擇，可以嘗試把各種職位做成懶人圖解簡報，來吸引人才的目光。

公司網頁上原本死板的説明頁面，也都可以利用懶人圖解簡報的方法，全部圖像化。

工作報告更有效率

應用懶人圖解簡報的原則，把報告濃縮成 易懂易讀的資料，就能讓主管迅速瞭解你做了什麼，節省彼此的時間並增加溝通效率。

上台用的簡報檔可能因為沒有人講解，主管看不懂；過多的文字可能讓主管覺得很煩。懶人圖解簡報其實是圖文適中的一種一看就懂的表達方式。

衛教資料或專業知識傳播

把 醫療知識 轉換成簡單易懂的懶人圖解簡報，無論是跟民眾演講、在醫院印給民眾觀看、或是放在網路上供民眾查詢，讓民眾能吸收正確的醫療知識。

懶人圖解簡報幫助專業節省大量的溝通時間，更讓一般人也能能吸收正確的知識。

宣傳海報的設計模板

運用懶人圖解簡報做的傳單，用來宣導理念、政策。也有政府單位藉此宣導政策，甚至舉辦相關比賽。這比傳統的傳單或是海報效果來得好，因為這能有效吸引目光。

隨著懶人圖解簡報的流行，我曾經在路上拿過用懶人圖解簡報做的傳單，用來宣導理念。也有越來越多政府單位會利用懶人圖解簡報來宣導政策。

業務提案的快速說服

融合以上所說的品牌介紹、產品介紹、報告資料，就可以把提案資料做成懶人圖解簡報，直接幫客戶濃縮重點，並節省他的時間，強化客戶對於提案的印象，提高提案成功的幾率。

以上這些就是懶人圖解簡報的基本用途，我相信每個人都有很棒的內容，就只差在有沒有好的媒介可以傳播，而懶人圖解簡報就是目前很棒的表達媒介！接下來，我們就要來看看如何實際發想，以及製作一份專屬於你的懶人圖解簡報。

I-5

懶人圖解簡報三大原則

在了解懶人圖解簡報是什麼、為什麼要把知識淬煉濃縮、製作時的關鍵心態、製作完成後的應用管道之後，我們建立了完整的世界觀，為製作懶人圖解簡報打下良好的基礎！

接下來，我們進入懶人圖解簡報的製作流程，幫助你從無到有的建立自己的懶人圖解簡報。

流程的第一步，就是了解懶人圖解簡報最重要的三大原則：

三大原則

用圖不用文　　　複雜變簡單　　　不用面對面

這三大原則，是我在經過大量研究與不斷的創作後，所濃縮出來的精華，若能將這三大原則內化，能有效地增進製作效率，並提高網路傳播的效果。

以下就讓我們一起來一個一個詳細了解。

第一原則：用圖不用文

　　你有沒有思考過，為什麼生活中充斥著各式各樣的圖像？無論是產品包裝、書籍封面、各類廣告、路標、告示牌…等，都是以圖像為主體，在網路世界中更是如此，沒有圖像的文章或廣告，幾乎就沒有吸睛度，怎麼會這樣？

　　試想一個場景，當你看到一幅圖配上 5-600 字的說明文字，你會先看圖，還是文字？大多數人應該會不由自主地看向圖像，這是因為人很容易被圖像給吸引，而大腦對於圖像的理解速度也較快，所以會傾向看圖片。

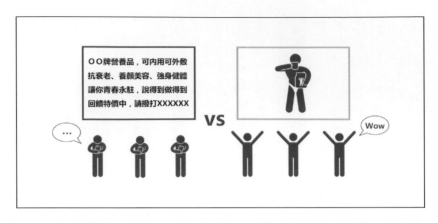

　　因此各類媒體、廠商、品牌都無所不用其極的產出各類圖像，就是為了在這資訊爆炸又注意力低下的年代，增加吸引你關注的機率。而我們可以利用「人容易被圖吸引」的現象，來幫助我們製作懶人圖解簡報。若你將想說的話、想傳達的理念，甚至是專業知識轉換成圖像，不僅能有效吸引觀眾注意，增加被閱讀的機會，更能幫助他們快速理解。

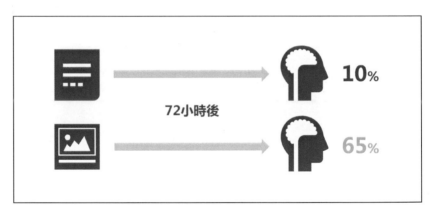

　　分子生物學家 John Medina 更指出：「比起單純的文字，圖像加上文字能更有效地幫助記憶。單純以文字呈現的資訊，72 小時後人們只能記住 10%。如果加上圖像，記憶率會上升至 65%。」這就是所謂的圖優效應。

許多人知道這個效應後，會在自己的簡報中加入許多圖片，希望藉此吸引注意，並且增加記憶。但就我過去看到的情形，很多人放的圖片跟內容並不相干，例如內容是醫療專業，卻放自己寵物小孩的照片、或是去旅遊的照片，有些人更是隨意上網抓個插圖就放，有時圖片上甚至還有浮水印。這些圖片不僅沒有圖優效應的好處，甚至可能會造成反效果，為什麼？

因為圖優效應的後半段是這麼說的：「並不是所有圖片都有『圖優效應』，沒有特定意義的、模糊的、抽象的、難以命名……等的圖片，反而會造成反效果！」

當你想利用「圖優效應」來增加記憶時，請選擇高畫質、清晰、且跟內容相關的圖片，才能吸睛又幫助理解！

高畫質圖片　　　高相關性　　　好記憶

因此，懶人圖解簡報的第一個原則就是用圖不用文，利用美觀且相關的圖像，幫助你的內容達到吸睛又好記的效果！詳細的圖像使用技巧，我會在後面的章節為你說明。

第二原則：複雜變簡單

懶人圖解簡報的重點，不是展現你有多專業，或你有多少話要講，最重要的是你最終呈現出來的東西，觀眾想不想看、看不看得懂、會不會分享？

為了達到讓觀眾想看、看懂、會分享，發想與製作時要記得「化繁為簡」，無論是架構、文字、圖像、排版…等元素，都要用最簡潔的方式呈現，讓觀眾省下大量時間，也省下大量腦力，才能符合懶人圖解簡報的精神：

「*在短時間內獲取大量知識*」。

架構：利用引人入勝的架構引導觀眾。

內容：將知識淬煉轉化，讓觀眾一看就懂。

畫面：做到排版整齊，沒有視覺上的壓力。

若能做到以上三點，觀眾看到你的懶人圖解簡報時，會不禁發出讚嘆：

哇，這真的一看就懂啊！

架構明確

因此懶人圖解簡報的架構要明確，更好的做法是寫出一個與觀眾相關的故事，想出他心中所想，就像電影或小説一樣，讓觀眾被情節吸引，想一直看下去。

你可能會擔心：「我又不是作家，這該怎麼寫啊？」請放心，之後的章節，我會跟你説明如何設計簡單有效的架構，讓你順利寫出好故事。

內容轉化

除了架構，內容更要經過咀嚼、淬煉、轉化，把專業知識、繁複資料、理念想法…等，轉換成觀眾看得懂的文字，無論是字數或用字遣詞，都要根據你想接觸的觀眾背景，像是學歷、職業、喜好、生活習慣…等資訊，做相對應的調整，用觀眾懂的話，講他們原本不懂的事情，才能達到有效的資訊傳遞。

畫面舒服

當架構跟內容處理好了，圖像跟排版更要注意，因為這是接觸觀眾的第一步，有吸睛簡潔的畫面呈現，才能在茫茫資訊汪洋中吸引觀眾注意，讓他們有更進一步了解內容的可能性。

因此挑選的圖像要避免有太多資訊，以免讓觀眾有過多的聯想，背離你要表達的本意；排版更是要力求簡潔，讓版面看起來舒服，讓觀眾不覺得壓迫。實際實施的技巧，就讓我們後面再談。

第三原則：不用面對面

　　雖然我們提到要把複雜變簡單，但請注意，簡單並不等於簡陋，懶人圖解簡報其實還是歸類在簡報的範疇中，而簡報根據有沒有講者、有沒有投影片，可以分成以下三種。

> 簡報依據有沒有**講者**與**投影片**，可以分成以下三種：

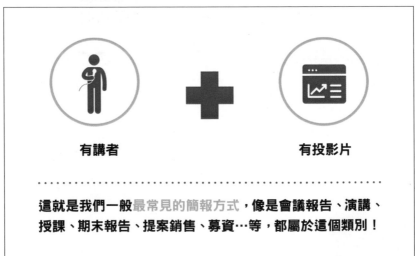

有講者 ＋ 有投影片

這就是我們一般**最常見**的簡報方式，像是會議報告、演講、授課、期末報告、提案銷售、募資⋯等，都屬於這個類別！

有講者　　　　　　　　　沒有投影片

這屬於上一種的進階版，像是：突然遇到重要人物，想把
握機會提案、即興演講…等，這種簡報很吃講者個人魅力，
以及平時的累積，是種高端的簡報方式。

沒有講者　　　　　　　　　有投影片

簡報是一種溝通方式，而溝通並不局限於「講話」，利用
圖像、文字呈現，也是溝通的一種。因此書面報告、海報，
以及懶人圖解簡報，都屬於簡報的一種！

懶人圖解簡報可以滿足上述三種需求，尤其特別適合最後一種！

當不一定有人講解時，懶人圖解簡報的文字、圖像、排版就非常重要。

> **但也因為不需要有人講解，懶人圖解簡報就有更大的發揮，可以擺脫時間、空間的限制，藉由網路的力量，讓好知識與理念大量且快速的傳播。**

試想一個場景，你可能要講解一個專業知識，或是有個理念要說明，過去常用的方法是找個場地，你上台簡報，請大家來聽，但這會受到許多時空間的限制，可能你挑時間大家在忙、可能場地不夠大⋯等，都會影響傳播效率。

但是若放上網路一瘋傳，可能兩三個小時內就有上萬人看過，瘋傳的話甚至數十萬人，這如果用實體簡報的方式，可能要變成演唱會等級，還要連辦好幾場才有可能，而且還很消耗講者的能量。

因此在製作懶人圖解簡報時，一定要記得，要做到「不用講解都看得懂」，快速吸睛又讓人秒懂。

如果能善用這個原則，就算是回到有講者的簡報，你也能做的簡潔又吸睛，不用長篇大論，能簡短又直接地把想講的內容呈現出來，你就會與眾不同，在觀眾心中留下深刻印象。

以上就是懶人圖解簡報的三大原則，牢記這三大原則，製作時就不會偏離太遠，也完成了從無到有做出好懶人圖解簡報的第一步！接下來，我們要來看看除了原則之外，有哪些常見的地雷是我們該小心的！

I-6

不要踩到的
圖解懶人包三大地雷

有句話說：「要成功之前，要先知道怎麼避免失敗。」

不管做任何事，都要懂得趨吉避凶，向好的標竿學習，避開大家
所討厭的，成功的機率就大了些。懶人包也是如此，在製作出會瘋傳
的懶人包之前，如果能先知道有哪些常見的地雷，就能在發想與製作
時，先避免這些錯誤，以免辛苦花了大把時間，最後的懶人包成品卻
乏人問津！

在開發懶人包實戰課程的過程中，我瀏覽了上百份懶人圖解簡報，
最後發現許多效果不好的懶人圖解簡報，都有下面這些共通問題，以
下是我統整出來的三大地雷，一起來看看！

地雷一：直接複製貼上

很多人製作懶人圖解簡報的流程是
這樣的：

開簡報軟體　　　找模板套用　　　貼字加照片

這樣的做法會產生什麼作品？

這樣做出來的懶人圖解簡報，有三大特點：

- **很多字塞在一個頁面中**
- **不知所云的照片**
- **跟主題不相關的模板**

看到這三點，你也許會覺得很熟悉，這不是平常大家最討厭看到的簡報方式嗎！？沒錯！這就是以前上課、聽演講時，最容易讓人昏昏欲睡的簡報方式！

懶人包屬於「無人講解的簡報」，因此常常會讓觀眾自行閱讀。也因為無人講解，所以無法用口才、台風、肢體語言…等技巧為懶人包加分，因此缺點容易被放大，如果內容、版面設計的不好，讀者很容易不想看，也更容易挑毛病。而上述的懶人包通常很難閱讀，放到網路上的效果也就很差。最終導致製作的人沒有成就感，閱讀的人覺得浪費時間，好的知識跟理念沒辦法流傳，非常可惜。

看到這樣的懶人包，往往讓我想起魯迅的一段話：「生命是以時間為單位的，浪費別人的時間，等於謀財害命；浪費自己的時間，則等於慢性自殺。」

一份不好的懶人圖解簡報，其實就是在浪費彼此的時間，是一件害人害己的事情，如果我們不喜歡被浪費時間，那也該為讀者想一想，如果只是把字複製貼上，那乾脆不要做，節省大家的時間嘛！

那我們該如何避免這個地雷呢？

我的建議是：

- **製作時，必須將想做的內容先咀嚼、統整、淬煉，抓出精華重點。**
- **再搭配簡潔吸睛的版面設計，就能產出專業又美觀的懶人圖解簡報。**

讀者容易閱讀、又能吸收好知識，傳播效果自然好。

那重點怎麼抓？版面怎麼做？請放心，在後面的章節會有詳細的介紹與實用的方法哦！

地雷二：內容過於破碎

這地雷剛好是上一個地雷的相反。剛剛說的是內容沒整理、字塞太多，這個地雷是內容很口語化，但在製作時拆的太破碎，導致懶人包的張數非常多，讓人在閱讀時需要手機滑很久或滑鼠點很多次。

例如原本的內容是：「嗨，歡迎你閱讀這本書，很高興遇到你，這本書的主題是ＯＯＯＯＯ，總共會有ＡＡＡ、ＢＢＢ、ＣＣＣ三個重點‧‧‧」

這樣的內容資訊量，其實用一張版面就能做好，但有些人可能會拆成好幾張，就像以下所列的方式。

原本簡單的一段話，有些人會拆成好幾個畫面講，變成這樣：

懶人包的原意：「在短時間內幫助讀者吸收大量好知識」，上面這樣就變成有點浪費時間的意味。

該如何避免這個地雷呢？

其實這種呈現方式並不是不好，而是要看你想呈現的內容而定。如果你今天想做的懶人圖解簡報，是很口語化的講一個故事，或是想把一首詩視覺化，那在一張圖中放上少少的內容，讓閱讀的人有時間細細品味，就是很棒的呈現方式。

但如果你是要傳播知識，卻把內容拆的很破碎，那就很容易讓閱讀的人不耐煩，畢竟我們生活在專注力低下的年代，人的專注力只剩 8 秒（連金魚都有 9 秒啊！），如果不能快速呈現重點，讀者就會失去耐心，也就達不到傳播好知識的目的了。

因此，要避免這個地雷，最重要的就是「發想定位」！

- **從發想階段就界定好這份懶人包的定位**
- **搭配最適合的呈現方式**

這樣就能有很棒的傳播效果唷！

地雷三：用詞太過專業

　　這種類型的懶人包往往含金量很高，但是充斥著太多行話與專業術語，導致閱讀的人每個字分開都看得懂，但是組合起來卻不知道作者在說什麼。有時候可只是能因為沒有像作者一樣資深，所以甚至連同行的人都不一定看得懂。

　　熱心想推廣自身專業，造福廣大民眾的專業人士，最容易踩到這個地雷！由於急於想要分享，因此忘記了他想要分享的對象，不一定懂得他所說的專業術語，最終導致辛苦做好一份懶人包，結果乏人問津，又不知道問題出在哪裡，就加入更多的專業術語來解釋，因此陷入「一直解釋，卻越解釋越複雜」的惡性循環。

根本看不懂啊啊啊啊！

觀眾心聲

常常看到有些內容很專業，但觀眾們看完幾乎都黑人問號，因為當中的專業術語離他們真的太遠了，這當中就會有鴻溝存在，如果鴻溝不斷出現，那溝通跟傳播就會出問題。

這種情形也常見於老手帶新手、老師教學生，我敬佩的楊田林老師曾經說過：「新人是來三天，不是來三年。」當一個人對一件事很熟悉時，往往忘了其他人並沒有一樣的知識與熟練度，就會用大量的專業術語轟炸，這就是所謂的知識詛咒（Curse of knowledge），對於知識傳播來說是很常見、而且傷害很大的現象。

要避免知識詛咒的地雷，需要換位思考。製作懶人圖解簡報時，請先想想：「這份是做給誰看的？」好好思考他們的知識水平到哪裡？他們懂不懂你的專業？他們關心什麼？釐清之後，調整懶人包內容的呈現方式，多用譬喻、故事、轉化的方式，讓外行聽懂、內行更懂，才是一份好的知識懶人包！

譬喻　　　　**故事**　　　　**轉化**

**請先想想：「這是要做給誰看的？」釐清之後，調整呈現
方式，多用譬喻、故事、轉化的方式，讓外行聽懂、內行
更懂，才是一份好的懶人圖解簡報！**

例如要講解一個電腦防毒觀念，提到「沙盒」這個專業名詞，這時如果觀眾都是 40-50 歲的父母，電腦專家也許可以這麼說：

　　「有小孩的請舉手！在場的父母們應該都還記得，孩子小時候玩耍時的模樣，雖然好可愛，但也總是把家裡弄的一團亂，對吧？大家可以試著想想，如果今天讓孩子在客廳裡玩沙，那會是多可怕的一件事！玩完之後，可能家具、沙發、電視都要換過一輪了吧？」

　　「但如果今天有個大箱子，讓孩子進去玩沙，由於有箱子的保護，無論孩子在裡面搞得天翻地覆，客廳都還是安然無恙，玩完之後，帶孩子去洗個澡，把箱子丟掉，客廳的一切依然美好如昔，多棒啊！」

　　「其實在電腦防毒上，有個東西叫做沙盒，我們的電腦就好像家裡的客廳，沙盒就是像剛剛提到的大盒子，你可以讓在這個盒子內使用任何軟體，使用完後把沙盒關掉就好，不會傷害到我們的電腦⋯」

　　換成這樣的說法，我想觀眾的理解程度會大幅上升，因為這就是：「用聽眾的已知，講解他們的未知」（出自楊氏比亞曰，楊田林老師所述），知識的傳播也就更順利。因此若你想要製作專業的懶人圖解簡報，請多用譬喻、故事、轉化的方式，加速讀者理解，當他們看得懂，自然就會想分享給其他人囉！

　　這些是我統整出來最常見的地雷，以及避免地雷的方法，如果你有遇過其他地雷，歡迎你與我分享！只要把地雷都避開，我們就朝好的懶人圖解簡報更近一步囉！

PART 2

如何發想一個好的
懶人圖解簡報？

2-1

我能做什麼？觀眾想要什麼？

要做出好的懶人圖解簡報，第一步要知己知彼，也就是知道自己能做什麼，並了解觀眾想要什麼。

許多人在開始做懶人圖解簡報時，都會掉入低等勤奮的陷阱，也就是到處下載模板、搜尋圖片、詢問配色…等。

到處下載模板、圖庫，在簡報設計上一直花工夫，雖然會有成果可以看，容易塑造出好像已經做出了什麼的假象，但是模板、圖片、色彩…等元素，都屬於版面設計的範疇，其實佔「成功的」懶人圖解簡報要素很少的比重。

我不是說版面設計不重要，因為好的版面能有效抓住觀眾的注意力，但設計需要長時間的鑽研與練習，如果你沒有任何基礎的話，即使是剛畢業的設計系學生，都能做得比你快，也做得比你美，因為那是他們至少受訓了四年以上的專業。而我們也不可能拋下一切，去研究個好幾年設計，才來製作懶人圖解簡報。

> **因此我的經驗與建議是：懶人圖解簡報的決勝點，在於議題與內容。自己想出來的精華內容，才是引起共鳴，造成瘋傳的原因。**

而且，這是我們任何人都能做到的，但也是觀眾真正想看到的。

我有一位學員，將自己對於「正念」的研究，濃縮成一份懶人圖解簡報，易懂的文字搭配實際可行的步驟，即使沒有華麗的版面，在短短一個星期內就超過 1800 次分享！這就是內容為王的最佳實證。

而如果你很注重設計，我想可以外包給專業的設計師製作，讓彼此做擅長的事，才能省時又高效！

2-2

如何快速產生大量主題靈感？

為了產出好內容，我們要先來思考：「有什麼主題可以做？」

你可能會想：「為什麼要先想？想做時直接做就好了不是嗎？」

我們都知道當時事發生時，若能發布跟時事相關的懶人圖解簡報，很容易觸發大量的傳播。但是，時事來得快，去得也快，長至一個星期，短至三天，時事發生的當下，我們可能有工作要趕，有家庭要顧，沒辦法拋下一切來做懶人圖解簡報，怎麼辦？

這時候，如果你之前把能做的主題想好，並且在空閒時先做出來放著，時事發生時，你只要把先做好的懶人圖解簡報拿出來，根據時事做相對應的調整，就能很快地發布囉！所以先發想主題是非常重要的！

而發想主題要注意的是不要盲目跟風。

有些人會看某主題很紅，即使對該主題不太了解，仍然硬做一份懶人圖解簡報，就為了想紅。這違反了懶人圖解簡報的核心精神：「幫群眾用少少時間，獲取大量優良知識」。由於對該主題不熟悉，做出來的東西就沒那麼到位，當然傳播率也就不高了。

我建議從自身專業出發，因為專業是我們最熟悉的主題，除了可以延伸出非常多題材之外，製作時間也能大幅減少，更能產生大量懶人圖解簡報，建立自己的知識品牌。

你可以拿張紙，先寫出幾項你最熟悉的專業，也許是工作、興趣…等，再從這些專業寫出三到五個大主題，假設你有五個大主題，再將每個大主題拆分出三個小主題，這樣就有十五份懶人圖解簡報可以做了！

以我自己來舉例的話，步驟如下：

1. **先寫出幾項專業：**
   · 簡報、扁平化、物理治療

2. **從專業寫出大主題：**
   · 簡報心法、簡報素材、簡報排版、扁平化設計、物理治療介紹

3. **每個大主題再延伸出三個小主題：**
   · **簡報心法：**簡報十大地雷台詞、最該建立的簡報世界觀、簡報架構法則
   · **簡報素材：**三大實用圖庫介紹、免費模板網站大集合、好用配色網站統整
   · **簡報排版：**簡報設計原則統整、快速排版技巧分享、簡報軟體快捷九鍵
   · **扁平化設計：**扁平化的前世今生、扁平化素材庫介紹、扁平化簡報應用法
   · **物理治療介紹：**物理治療是什麼、物理治療困境、肩頸保健秘笈

只要好好運用延伸思考法，照著三個步驟寫下來，就能在短時間內產出大量主題，心裡有底後，製作起來會更有效率，才不會像無頭蒼蠅一樣什麼都想做，卻又做不好。

2-3

發想圖解簡報主題的三大困境

　　而根據過去的教學經驗，我發現許多人在發想圖解簡報階段，會遇到某些問題，我統整了最常見的狀況，以及我的建議，一起來看看：有些學員在思考大小主題時，會覺得寫出來的主題好像很平淡，就不斷修改。

糾結文字修飾

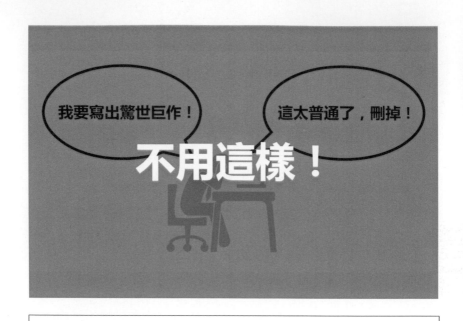

發想時不用刻意修飾標題，到製作階段再修改即可。

我的建議是先不用琢磨文字，想到什麼就直接寫下來，因為目前只是在發想階段，主要目標是找出各種可以做的主題。所以不用刻意修飾標題，到製作階段再修改即可。

後面的章節會說明如何讓標題吸引人，例如把原本平淡無奇的「消費者心理學」，改寫成「人性解碼器」，我會分享好用的原則與技巧，敬請期待。

糾結專業程度

懶人圖解簡報的資格，就是想**分享知識**的心。

除了標題之外，學員另一個煩惱的問題，就是覺得自己既不是名人，也不是專業領域中的專家學者，好像不夠格做懶人圖解簡報。如果你也有這樣的擔憂，我想對你說：「放手去做吧！」

我認為並不是拿了多少學位、發表過多少論文才算是專家；也不是地位收入很高、受過很多採訪、上過很多節目，才叫專家。我心目中的專家，是能用一般人聽得懂的話，教會他們原本不懂的事物，並且用各種方式讓好知識更加流通，影響更多人，這才是真正的專家。

因此，請別擔心自己有沒有資格，因為懶人圖解簡報的本意是分享、是為了讓知識流通，唯一需要的資格就是一顆想分享的心。而且藉由製作懶人圖解簡報，可以更釐清自己對這個主題的了解，在搜集資料、濃縮統整、轉化產出的過程中，更會大幅增進你對這門專業的掌握程度。因此，

做越多，懂越多，可說是一舉多得啊！

擔心主題太冷門

如果真的想比較，只需要跟自己或同領域的比。

這是許多學員擔心的問題，覺得自己懂的東西並不是大眾喜愛的，很怕懶人圖解簡報做出來後，傳播效果不好，好像白費力氣。

首先，與你分享一個觀念：「小眾並不小」，懶人圖解簡報要追求的，並不是所有人都喜歡，而是「需要的人超喜歡」。

要讓所有人喜歡，可以說是不可能，因為變數太多，如果每個都要顧，那很有可能做出個四不像。唯有精準的找出你想鎖定的觀眾，針對他們的需求，發想懶人圖解簡報的內容，才會有好的傳播效果。因此，我們要擔心的，不是主題冷不冷門，而是在這個主題中的人，對我們的懶人圖解簡報有沒有興趣。

而對於冷門主題的擔憂，更延伸出大多數人的習慣：「用比較來衡量成就」，我一再強調：「懶人圖解簡報是為了分享知識。」，因此建議你盡量不要去比較所謂的讚數、分享數（以 Facebook 來說的話），但如果你真的很想很想比較，請你跟這兩個對象比：

- **自己：製作好懶人圖解簡報後，看看跟自己以前的貼文比起來，留言的人是不是更多，分享的數量有沒有變多？**
- **同專業領域的人：你的懶人圖解簡報，比起同專業的人，是否有更高的人氣？**

如果有的話，非常好，除了讓知識更加流通之外，也可能引起其他人的仿效，讓懶人圖解簡報發揚光大，也讓更多知識流通；如果沒有的話，剛好可以審視有哪個環節出問題，藉此修正。

2-4

你的懶人圖解簡報
想要做給誰看？

之前有個學員在還沒來上課之前，就已經自己試著做懶人圖解簡報，希望讓更多人知道他的專業領域，並且建立個人品牌。他很認真把自己知道的東西都放到懶人圖解簡報中，但在網路發表後迴響卻很少，讓他很灰心，於是在課堂上提問。

我聽完他的狀況之後，只回問他一句：「請問你的懶人圖解簡報是想做給誰看的呢？」思考之後，他才發現沒想過這個問題！

其實很多人都不小心犯下這個失誤，只做自己想做的，卻忘了觀眾想要的是什麼，但請別擔心，看完這單元，你就能避開這種狀況。

在上個單元，我們學會跟自己對話，知道自己能做什麼主題的懶人圖解簡報。在列出了自己能做的各類主題之後，接著就要發想內容。根據我的教學經驗，許多人在發想內容時會陷入「一股腦狂寫」的誤區，因為他們一直記著懶人圖解簡報的核心精神：「幫群眾用少少時間，獲取大量優良知識」，就恨不得把自己對於該主題的所有知識，都塞到內容當中，但我想告訴你一個秘密：

懶人圖解簡報的主角其實不是知識，而是群眾。

你可能會提出疑問：「不對吧？懶人圖解簡報最重要的不是知識嗎？」

懶人圖解簡報的知識含量確實很重要，但是如果我們拉高觀點來看，懶人圖解簡報的存在，是為了讓觀眾了解他們原本不懂的東西。因此無論是標題、內容、版面…等元素，都要從觀眾的角度出發！我的建議是在發想懶人圖解簡報的內容之前，我們要先做到剖析觀眾。

　　關鍵在於把握下面三個問題意識。

對看的人來說是否吸睛？

剖析觀眾之後，針對觀眾需求**做出來的**標題或版面，**才能在一片茫茫貼文海中脫穎而出，讓觀眾在滑手機時瞬間關注，抓住他們的注意力；用在**面對面講解**時，也能在一放上螢幕時即刻聚焦，讓大家專注聽講。**

是不是對目標對象講人話？

透過了解觀眾的背景，你就能避免自己陷入知識詛咒，用他們懂的語言，講解他們不懂的東西，並且能設計相關故事與場景，讓觀眾在看懶人圖解簡報時能有熟悉感、帶入感，快速理解、吸收你要傳遞的知識。

對你自己來說更加省時省力！

剖析觀眾還有個好處，是讓你可以有目標去完成你的懶人圖解簡報。很多人在製作過程會東想西，例如想加入更多內容、做更多的設計、加更多圖片…等，但這不一定是觀眾想要的，結果浪費大把時間卻沒效果。

如果剖析觀眾，就可以針對觀眾的資訊、背景、知識水平…
等要素，來製作相對應的標題、版面跟內容，這樣在製作
時就會有明確的方向，可以有效幫你省下大量的時間跟精
力。

而且你會發現，從編寫內容、製作版面到在網路上發表，
都必須從觀眾出發，如果在一開始可以掌握觀眾心理，後
面的製作過程就會快非常多。讓你把力氣用在對的地方，
讓懶人圖解簡報能更快速的產出！

2-5

剖析懶人圖解簡報觀眾的三步驟

當我説要剖析觀眾、了解觀眾的時候，很多人會説：「我知道觀眾是誰啊！」

但當我在繼續深問下去的時候，大部分的人都説出一些概括性的答案，例如民眾、學生、社會大眾、病患、新人…等等，但是這樣的定義太廣泛了！

舉例來說，假設你的懶人圖解簡報是給「社會大眾」看，但是請你想一想，一樣米養百樣人，社會大眾有多少人啊？每個人的個性喜好都不太一樣吧？那你的作品到底是要給誰看呢？即使我們縮小範圍，像是公司同個單位裡的人，而且是跟你比較要好的同事，你們的喜好、經歷、背景、知識水平…等，應該都會有點不一樣吧？你看光是一個小小的單位，就可能會有如此多的差異，懶人圖解簡報觸及的人那麼多，一定會有更多的不同處！

> **所以剖析觀眾最重要的就是，思考**你真正想鎖定的是哪些人？

有一位我很喜歡的廣告行銷大師，叫做葉明桂老師，他是奧美廣告的副董事長，也是奧美集團的策略長，操刀了許多大品牌的廣告行

銷，我們現在看到非常多知名廣告幾乎都是他作出來，比如說左岸咖啡館、全聯、茶裏王、台灣高鐵…等，都是他所一手策劃製作的，他曾經說過一句話，讓我覺得受用無窮，那就是：「沒有ＴＡ，就沒有市場」。

這句話的意思是，如果你不知道你的產品是要賣給誰，那這個產品就沒有市場、沒有賣點。把這個觀念運用到懶人圖解簡報當中，就是沒有ＴＡ，你就沒有懶人圖解簡報，因為你不知道你的作品要給誰看，那當然也不會有人來看了，因此請記得在製作懶人圖解簡報之前，要好好剖析觀眾。

但是剖析觀眾這件事其實沒有那麼簡單，因為我們在學校沒學過，出社會之後也沒有人在教。而我經由不斷的研究，閱讀各種書籍之後，淬煉出了一個流程，只要依照以下三個步驟，你就能對你想鎖定的觀眾能有更深入地了解。

剖析觀眾三步驟

設定群眾

走入人心

預測問題

步驟一：設定群眾，收集背景資訊

　　首先我們要先來思考這份懶人圖解簡報想觸及的觀眾是誰，有個大概的印象之後，就要收集他們的背景資訊，而且是越詳細越好！當你收集的越詳細，你就越能用他們了解的語言、故事和場景，來講解他們不懂東西，讓他們有熟悉感，幫助理解。那應該收集哪些資訊呢？我認為最基本的有以下幾項。

年齡：製作懶人圖解簡報的時候，要先設想觀眾的年齡是多少，確定了以後你才能去思考這個年齡層的人經歷過什麼，他們的背景是什麼，他們喜好是什麼，這樣才能有助於你發想它更精準的懶人圖解簡報內容。

日常生活中很多長輩常會説：「唉，真不懂年輕人的想法，有代溝啊」，相對的，年輕人也會說：「真不懂老人在想什麼啊」，這就體現不同年齡層的差別其實很大。

職業：如果你的懶人圖解簡報是想說明工作上可以運用的一項技術、訣竅、或是一種產品，我建議你可以思考這份懶人圖解簡報的觀眾職業？才能知道他們平常工作可能遇到什麼困難，我們才能描繪場景。

了解職業後，藉由加入一些行話，讓觀眾覺得你跟他們是一夥的，讓他們覺得你很懂他們，進而了解這份懶人圖解簡報可以幫助到他們，這樣觸及率與分享率也會相對提高，如果是面對面地講解，也能瞬間拉近關係。

興趣：人對自己感興趣的東西，驅動力會大增。在做懶人圖解簡報時，要思考觀眾的興趣是什麼，從他們喜愛的場景著手，創造他們會感興趣的內容，引發他們想了解的驅動力。

舉個例子來說，以前念書時，對於那些歷史偉人的生平事蹟，大部分的人都是用硬背的，也不會想去多瞭解，但是對於自己喜歡的藝人偶像，很可能祖宗三代都背得出來，還會主動去想了解他的各種資訊，再累再遠都要去參加活動，即使出社會了也依然如此

動機：白話一點來說，就是你鎖定的觀眾有沒有想做的事？如果剛好符合他們想做的事，觀眾就會覺得彼此是志同道合的夥伴。若你是為了倡導理念，或是要促進行動，那找出觀眾的動機就是非常重要的一環。

以上這些是我建議一定要收集的觀眾資料，這能幫助我們鎖定懶人圖解簡報要觸及的觀眾。

我們不可能迎合所有人的喜好，越瞭解各項資訊，我們就越能知道確切要影響的是哪些人，這樣才能有效的界定懶人圖解簡報對於觀眾來說有什麼用途。

以我過去所做的物理治療懶人包來當例子，我那時鎖定針對 40 歲以下，有在使用臉書的物理治療師，我知道他們的動機是想為了幫物理治療正名發聲，所以我的懶人圖解簡報的內容就會針對「發聲」這件事做調整跟發想。我也界定這份懶人圖解簡報的用途就是一份好用的講解資料，能夠幫助他們去跟一般民眾，或是他們想接觸的人有效的說明物理治療到底是什麼，因為我鎖定的群眾很明確，內容也很精準，因此這份懶人圖解簡報的成效就很好！

藉由收集群眾資料，能不斷的縮小鎖定範圍，也能加速懶人圖解簡報的製作速度，因為一個知識領域裡面所包含的東西非常非常多，如果我們不能先界定出我們要做的內容是什麼的話，那我們就會花費很多力氣在挑選內容，而且做出來的東西也不一定是觀眾想要的。

　　所以收集觀眾的背景資訊是非常重要的第一步，而且要越詳細越好，當你能全面瞭解觀眾，你的懶人圖解簡報就能越精準有力，效果就會非常驚人。

步驟二：走入人心，換位思考

　　鎖定觀眾之後，我們接下來要做的就是換位思考，想想這群觀眾他們的心裡在想什麼。

　　這不是要你去練讀心術或者催眠，而是要思考你的這群觀眾有沒有特別渴望什麼？或是害怕什麼？因為害怕或渴望是人最基本的驅動力，俗話說趨吉避凶就是這個意思，

> **只要牽扯到害怕或渴望，人都會產生非常強大的力量。**

如果你的內容可以依據觀眾的害怕或是渴望去製作的話，你就能賦予你的懶人圖解簡報更大的意義，讓它不只是一份單純的簡報或是圖片，他代表的是幫助觀眾達到內心渴望，或是協助他們避開危險的一個特別事物。這會讓你的懶人圖解簡報的份量跟別人特別不一樣。如果你仔細想想，其實很多品牌也都是利用這個模式去做行銷。

　　例如臺灣高鐵，他們從來不會強調說自己的時速多快，反而是去觸動人的內心的渴望，會搭高鐵的人渴望其實都是時間，無論是減少出差通勤的時間，做完工作能趕快回家；或是減少出遊搭車的時間，讓遊玩的時間多一點，臺灣高鐵代表的意義就是能幫你省下大量時間，並且讓你能跟重視的人相處多一點時間的品牌。

　　所以他要塑造的不單只是交通工具，而是把自己的層次拉高，變成一種具有意義的存在。

　　因此在發想懶人圖解簡報的時候，如果你能發現在觀眾心裡的害怕或渴望，你就能賦予懶人圖解簡報更大的意義，觀眾才會把它放到心裡面，並且留下深刻印象，還會願意去散播分享。

預測問題，他好懂我！

在我們已經知道了觀眾的各種基本資料，並且也換位思考去想想他們到底害怕或渴望什麼，接下來我們就要去思考觀眾對於這個懶人圖解簡報主題，可能會有哪些想問的問題？

但是我們要怎麼把問題想得更精確些？其實這就要看你有沒有真的去收集觀眾的各項資料，有沒有真的換位思考他們渴望和害怕的東西是什麼，如果把前兩個步驟做好，再發想這些問題的時候就會容易許多。

若能設想觀眾想問的問題，就能更精準地發想內容，並在情節設計上，先把這些疑問給問出來，當觀眾看到就會發出讚嘆：「哇，這個作者怎麼知道我心裡在想什麼，他好懂我！」無形間拉近了跟觀眾的距離。

而且若能預測他們心裡的想法，他們就會對懶人圖解簡報的信心大增。因此我的建議是在這一步發想越多問題越好，但是要注意的是必須是要從觀眾的角度去發想，因此就算是很簡單的問題你也不要捨棄它。

因為我們要記得觀眾不像我們是某些領域的專家，他不會懂得比你多，甚至有可能完全都不懂，也許你覺得很入門的東西，對他來說就已經是魔王級的難度了，因此不要預設立場，請盡量發想問題吧！

當我們完成以上三個步驟之後，無論是標題撰寫、內容發想、版面設計、圖像思考等等，都可以很快完成。

因為我們已經有一個確切目標，知道懶人圖解簡報到底是要做給誰看的。

　　而這就是我一直倡導的觀念，無論是放在網路上的懶人圖解簡報，或是你當場要演講給別人聽的簡報，要做的第一步往往都不是打開電腦去製作，第一步應該是思考自己知不知道要做的這個東西到底是要呈現給誰看的，當你能好好的思考出答案之後，其實內容發想、畫面編排…等等都已經不是難題了。

變成觀眾的專業朋友

　　最後我想再引用葉明桂老師的另外一段話，他常說品牌要跟他的客群先有交情，才有交易。

　　我認為懶人圖解簡報也是如此，這邊的交情不是說要去跟你的觀眾們套關係，或是跟他們交際應酬。而是你必須要創造信任感，你講的話才會有人聽。這也是我希望能用懶人圖解簡報推廣各種專業的初衷。

　　但是就我過去的觀察，其實很多民眾往往不會聽真正的專業人士所講的話，反而對於一些奇怪的地下電臺，或是某些假冒專家的人的話深信不疑，最後導致被騙或是健康受到傷害等等，這是讓我非常不爽的一件事情，我覺得這是很不應該的現象，我認為要廣為流傳的應該是好的知識、好的觀念，而不是那些似是而非的東西。

　　然而問題出在很多專業人士，雖然有很豐厚的知識，卻缺少了跟觀眾們好好交流、好好述說的技能，所以我才會一直去研究說要怎樣才能讓大家把好知識流傳出去，這就是我開始研究懶人圖解簡報的原因。

　　我認為專業人士不應該高高在上，不應該躲在自己的領域裡，講的

話又讓人聽不懂,最後知識只在我們自己的腦袋裡面,這樣非常可惜啊!

我們應該要:

* **變成觀眾的專業朋友。**
* **讓他們聽得懂我們說的話。**
* **而且認為我們知道他要什麼。**
* **並且擁有有真正的專業可以幫助到他們。**

而這也是懶人圖解簡報最大的目的,所以請你記得,無論是要放上網路分享,或是要用來現場講解,或印成海報傳單發送,最重要第一步就是剖析你想鎖定的觀眾,而且剖析觀眾很簡單,用上面提到的三個步驟就可以了!當我們了解觀眾之後,下一個單元,我們要來發想懶人圖解簡報有哪些必備內容囉!

2-6

十種懶人圖解簡報熱門主題的
必備內容架構

　　了打破知識詛咒，節省彼此時間，在盤點自身資源、對觀眾深度剖析之後，必須思考懶人圖解簡報如何讓觀眾易懂，而易懂的第一步，就是「整理」，確保懶人圖解簡報的內容都是觀眾需要的，也就是找出「自身專業」與「觀眾需要」的交集，這時取捨就非常重要。

　　許多人在製作懶人圖解簡報時，容易熱心地把自己懂的一切都塞進去懶人圖解簡報中，更甚者會去找補充資料再加進去。雖然這會讓懶人圖解簡報看起來很豐富，但是有個隱憂，就是塞入大量資訊時，可能會讓懶人圖解簡報頁數太多，或是字數太多，觀眾不一定能消化這麼大量的資訊。而且資訊太多，就是雜訊！因此，請記得把你的專業內容好好篩選，留下最精華的部分給觀眾就好。

　　在我的教學生涯中，有些學員對於取捨內容提出疑問：「雖然知道要取捨，但如果把觀眾想要的內容刪減掉了怎麼辦？」

　　要解決這個問題，最根本的方法就是更深入了解你想鎖定的觀眾，但這需要大量的練習，為了節省你的時間，我研究了大量網路資源與各類作品，統整出懶人圖解簡報常見的十大類別以及必備內容，幫助你調整自己的懶人圖解簡報，一起來看看！

理念主題的必備元素

　　若你想傳播一個理念，例如環保議題、能源議題、競選政見、人道救援…等，由於是推廣理念，因此對象應該大多是對理念不熟悉的人，如果用長篇大論的文字來推廣，觀眾可能無法接受，這時懶人圖解簡報就是非常好的接觸方式，我建議理念型懶人圖解簡報的必備內容如下。

什麼理念：　淺白介紹理念內容，記得要用觀眾的語言講解他們不懂的事物，讓他們瞬間秒懂。建議用故事將觀眾帶入場景！

有何好處：　人或多或少都有點自私，若能明確地說出這個理念可提供的確切好處，物質或心靈的好處都可以，這將有助於推廣。

怎麼行動：　最重要的是引發觀眾行動，如果觀眾聽進去你的理念，卻沒有行動，是很可惜的事。因此，請記得提供如何實踐這個理念的方法。

醫學主題的必備元素

在網路發達的年代，許多人生病或身體有某些狀況時，都會先上網搜尋相關醫學知識，再去看診。如果你是醫療專業人員，可以將自身專業知識製作成懶人圖解簡報，讓更多人了解正確的醫療知識。以介紹疾病來說，醫學懶人圖解簡報要包含以下內容。

誰會得到： 介紹哪些族群容易得到這個疾病，能快速拉高觀眾的注意力，並能建立懶人圖解簡報與觀眾的連結感，讓觀眾想要繼續看下去。

有何症狀： 說明這個疾病會造成哪些症狀，患者會出現哪些反應，利用淺顯易懂的說明，幫助觀眾建立正確的醫學基礎知識。

找誰治療： 這就像是網路搜尋的關鍵字，藉由不斷分享相關醫學知識，你就能變成觀眾心中的代名詞，未來他們有相關症狀，就會第一個想到你！

體悟主題的必備元素

　　所謂的體悟並不是突然天人感應，接收到從未知傳來的神秘訊息，而是你對於日常生活、職場工作有什麼觀察，從每天的累積中體會到什麼事情，或發現了什麼不為人知的秘訣，將其做成懶人圖解簡報與大家分享。這類的懶人圖解簡報要特別注意內容，以免變成流水帳或是個人自嗨，因此建議內容如下。

靈感來源： 關於這個體悟，你是怎麼發現的？建議用故事講出事情的始末、體悟的來源，讓觀眾身歷其境，幫助他們加速理解。

有何好處： 請記得要從觀眾出發，說明這個體悟能對觀眾帶來什麼實質的好處。因此要思考體悟與觀眾之間的連結感，讓觀眾覺得這件事與自己有關。

如何改變： 如果你的體悟是職場秘訣或是生活訣竅，記得要跟觀眾說明如何做到這些事，讓他們實際可執行，就是一份完美的懶人圖解簡報。

景點主題的必備元素

　　這個主題就是很常見的餐廳、旅遊景點、展覽介紹,是最好入門,
但也是最多人在製作、撰寫的主題。大多數人都是用文章加照片的模
式呈現,所以若想要脫穎而出,我們可以做成一張式的懶人圖解簡
報,讓觀眾一眼看完景點資訊,節省觀眾的時間,因此內容不用多,
只需要有下面元素。

景點特色: **說明為什麼想介紹這個景點?最特
別的地方在哪裡?可以用遊記的方
式呈現,但請記得**不要變成流水
帳**,從觀眾角度出發,思考他們想
看什麼。**

交通方式: **為觀眾提示**怎麼前往這個景點**,列
出至少三種交通方式,並且列出詳
細說明,例如路線、票價、如何購
票⋯等。**

價位等級: **民以食為天,搞定餐飲就搞定了大
部分的事。除了餐飲價位,景點提
供的**服務**或**商品價位**也要寫清楚,
才能打中想鎖定的族群。**

時事主題的必備元素

　這類的懶人圖解簡報，是社群媒體上熱度最高的主題，這也是能快速打響個人品牌的主題。時事發生當下，若你快速做出整理相關內容，就可以藉由時事的熱度使你的作品讓更多人看到。但是要整理出哪些內容才能又快又好？以下是我的建議。

 何時發生：快速交待這件時事的相關背景，跟觀眾說明是什麼時候發生的，大概的內容是如何，幫助觀眾用短時間快速理解。

 影響到誰：觀眾通常只在意跟自己有沒有關，因此清楚地講解這件事影響到誰，可以快速拉近跟觀眾的關係，增加分享的可能性。

 應對方法：幫助觀眾理解並且建立連結後，一樣要促使觀眾行動，建議可以針對這件時事提出個人觀點，並幫觀眾想出因應之道。

學習主題的必備元素

近年來學習風氣大盛，各類課程百家爭鳴，越來越人在空閒時會積極進修，若能把上完課的心得做成懶人圖解簡報，除了能讓更多人知道好課程之外，更是將課程內化的好方法。藉由製作懶人圖解簡報的過程，你可以重新複習上課內容，並且重新排列組合，再用自己的話講出來，有實際產出，才是真正學到。但是，內容該如何拿捏，才不會破了課程的梗？以下是我的建議。

老師是誰： 一堂好課程，第一重要的是學員，再來就是老師，簡潔地介紹老師的專長跟事蹟，能讓觀眾知道「為什麼有資格教這門課」，建立觀眾的信心！

有何特色： 切記不要寫成流水帳，例如從簽到寫到拍大合照，只要將你認為最精華的部分做出來即可，最高境界就是寫得讓人想上課又不破梗。

如何應用： 唯有想到怎麼應用，才是真正把課程內容變成自己的東西，請好好思考你未來可以應用在哪些方面，並與大家分享，就大功告成囉。

閱讀主題的必備元素

　　除了進修學習，閱讀也蔚為風潮，各種說書影片、讀書會越來越風行，網路上也有非常多的讀書心得分享。就如同課程一樣，讀完一本書後，若能做成懶人圖解簡報，不但可以加深記憶，並能有效的內化書中知識。一樣的，心得並不是在寫流水帳，請必備以下內容。

核心理念： 閱讀完一本書，請試著抓出一個能貫穿整本書的核心理念，能幫助觀眾迅速理解這本書在講什麼，並順利接收作者要傳達的訊息。

各大重點： 除了核心理念之外，可以將書中讓你最有印象的內容，統整出三到六個重點，搭配相對應的圖像，就是與眾不同的心得懶人圖解簡報！

如何應用： 跟課程一樣，學習要有輸出才有效。請思考書中內容可以應用在哪些層面，幫助自己內化，也能分享給觀眾，讓大家一起共好。

產品主題的必備元素

利用簡潔的懶人圖解簡報推廣產品，會比起硬梆梆的銷售文、規格文較平易近人，觀眾接受度也較高，所以製作時，要記得不是用懶人圖解簡報賣東西，而是提供觀眾「有用的事物」，如果記好這個原則，你就會明白內容不該是規格與價格，而是以下三項。

解決問題： **觀眾想知道的並不是產品有多棒，而是能解決什麼問題、消除什麼痛點，請** 先點出讓觀眾痛苦的問題，**再說明可以怎麼幫助他，就能快速與觀眾建立連結。**

有何特色： **除了說明解決何種問題之外，可再錦上添花，秀出你的產品或服務** 有什麼特別的地方，**進一步擄獲觀眾的心。**

找誰服務： **介紹完產品能解決的問題與特色之後，為了促使觀眾行動，請記得附上聯絡資訊，讓觀眾知道有需求時，應該** 去哪裡或找誰 **。**

技術主題的必備元素

關於專業技術的介紹，可以分成兩種方向，一是介紹給一般民眾知道，二是說明給同領域人員了解。

這兩種方向，都需切記不要陷入「知識的詛咒」，也就是一直講專業術語，卻沒有考慮對方是否聽得懂。要切記，如果觀眾的背景知識與你不同，或是知識水平不在同一層級，專業術語只會造成溝通阻礙，請改用對方聽得懂的話來解說技術，才能秒懂。利用懶人圖解簡報來解說，就是好方法，請記得要有以下內容。

用在何處： 跟觀眾說明可以如何應用、這跟他們有什麼關係。例如對新進人員說明未來如何用這門技術；如果是一般人，請說明這個技術可以幫到他們什麼。

優點缺點： 中肯的說出這門技術的優缺點是什麼，一般人往往只說優點，但若能主動說出缺點，觀眾會更信任你，如果能進階說明該怎麼補強，那就很完美了。

找誰服務： 記得在最後一樣要放上聯絡資訊，讓觀眾知道他有需要這門技術，或是實行上遇到困難時，可以找誰，這樣就完成了一份很棒的懶人圖解簡報。

教學主題的必備元素

隨著教育風氣的改變，為了幫助學生增進學習效率，許多人將遊戲化應用在教學當中，最常見的就是設計課程專屬的桌遊。

就我的觀察，課程中使用桌遊，最容易卡關的地方就是規則講解。課堂上講解規則時，很容易因為只有純講，導致學員無法快速理解該怎麼進行桌遊，想要實際示範，卻無法讓大家擠在同一桌觀看，最後變成要講解好幾次，讓上課時間被壓縮。面對這個難關，懶人圖解簡報就是很好的解方！

 基本規則： 自製的桌遊不一定會有說明書，若能將桌遊的各個規則要素製作成易懂的圖解懶人簡報，就能讓觀眾快速理解，實際進行時就能節省時間。

 遊玩示範： 將基本的遊玩流程做成圖解懶人簡報，幫助學員進入狀況；除此之外，還可以製作相關 FAQ，不但能事先預習，卡關時更可以當作救命錦囊。

 **怎樣算贏：** 輸贏是很強大的驅動力，但也是一把雙面刃，若沒有講解清楚，就容易起爭執，讓整場學習活動失焦。因此一定要講清楚如何決定輸贏！

以上就是我的研究成果分享，如果你靜下心來思考，你會發現無論是哪種類型的懶人圖解簡報，核心概念都是「省時」，幫助觀眾在短時間內吸收大量資訊。再來就是要「促進行動」，讓觀眾在看完之後能做出改變。

因此，即使你想做的懶人圖解簡報不在上述主題內：

只要秉持著省時、促進行動**兩大核心來發想內容，就不會偏離太遠唷！**

下一單元，我們將一起剖析為何觀眾會想分享懶人圖解簡報，快一起來看看。

2-7

觀眾分享懶人圖解簡報的
10 大動機

在知道自己可以做出哪些圖解懶人簡報，並且深刻了解觀眾資訊，也知道了各種主題的必備內容之後，我們要來思考一個問題：「觀眾為什麼要分享你的懶人圖解簡報？」

我們製作懶人圖解簡報，就是為了讓好知識更加流通，讓更多人看到。在網路時代，這有賴網友們的分享，但網友不會沒來由的替你分享，我們該怎麼做？

我認為《創新的用途理論：掌握消費者選擇，創新不必碰運氣》書中的核心觀念，可以解答這個問題，這是破壞式創新大師：克雷頓・克里斯汀生的著作，書中提到一個很重要的觀念：「顧客雇用你做什麼？」

對應到懶人圖解簡報，就是「觀眾拿懶人圖解簡報做什麼？」這就是讓觀眾願意分享的關鍵！

而就我的經驗與研究來說，懶人圖解簡報藉由社群媒體傳播，因此觀眾分享懶人圖解簡報的核心原因，除了幫忙傳播知識外，也是用來塑造自己的網路形象，並藉此增加社交熱度，塑造人氣。

這讓我想到了影片製作公司 Unruly 所提出的「十大社交動機」，Unruly 藉由大量的市場調查與分析，統整出影片、貼文會造成瘋傳的背後，都可能符合這十大社交動機的某幾項，才會促使人們分享貼文，我們可以利用這十大動機，來幫助傳播懶人圖解簡報。

接下來，就讓我們一起來了解十大社交動機，並探究觀眾分享懶人圖解簡報的理由是什麼！

意見探詢

「想知道朋友們有何看法」

如果要用一句話來說明意見探詢，那就是「我想知道朋友們對這個的想法」，所謂的「這個」，可能是一則新聞、一個新產品、一個理念、一項技術…等，觀眾自己沒有什麼太多想法，不知道這東西是好是壞，因此想分享出來，看看親朋好友們是否知道這東西，以及有何想法。

以懶人圖解簡報來說，觀眾剛看到時，對你製作的內容有興趣，但也許不太懂，也沒太多想法，於是轉發你的內容，看能不能有更多想法冒出來，幫助他更加理解這份懶人圖解簡報。

最常見的情形，就是時事剛在發酵時，狀況仍不明，但已經有人整理出目前狀況的相關懶人包，這時大家會轉發的原因，就大多是屬於「意見探詢」，想知道別人對這件事有什麼想法。

熱情分享

「誰誰誰也喜歡這個，快 tag 他」

關於熱情分享，就是觀眾在轉發貼文或留言互動時，心中有這些想法：「誰誰誰也喜歡這個東西，快 tag 他」、「這根本是在講誰誰誰嘛」、「這讓我想到誰誰誰」…等，藉此達到熱絡友誼、創造話題的效果。這並不局限於懶人圖解簡報，社群媒體上的各種貼文幾乎都符合這個動機，只要是能讓觀眾聯想到朋友的貼文，都算在這個範疇中。

因此很常見以下例子：有關閱讀心得、名言佳句、課程心得的懶人圖解簡報，下方常會有觀眾留言且 tag 朋友說一起學；關於時事的懶人圖解簡報，觀眾會 tag 朋友來一起討論；趣味或惡搞的懶人圖解簡報，常會 tag 熟識的朋友來嬉鬧一番。

例如職場豬隊友的圖文，就會有人 tag 朋友，並且說：「是在說你吧」，這些都是熱情分享的範疇！因此在發想與製作時，可以想想如何設計內容，引起觀眾聯想到朋友唷！

真實社交

哇，你好懂啊！
很高興認識你！

還好先看了
相關懶人包

「這可以增加我生活中的社交熱度」

　　雖然懶人圖解簡報大多是放在網路上流傳，但有許多觀眾會用來增加談資，以及幫助促進真實生活中的社交，例如藉由分享與留言，讓他們跟想結交的人「感覺在同一陣線」，進而有交談或認識的機會；或是藉由分享與 tag，創造跟朋友見面時聊天的話題。

　　還有一種情形，無論是工作或學校，許多面試官會先在網路上搜尋受試者資料，因此藉由分享特定主題的懶人圖解簡報，來顯現自己的興趣、觀點、見解，塑造形象，藉此讓面試加分。

　　根據我的經驗，大多是投資、嗜好、專業知識…等主題的懶人圖解簡報，能有效達到觀眾期待的「真實社交」效果。

實用資訊

「這對我跟朋友們都很實用」

當你看到時間管理、職場技巧、簡報技巧…等類型的文章、影片、懶人圖解簡報時，你會不會想要分享？大多數人是會的，因為分享到自己的版面，不僅日後方便查看之外，也能將有用的資訊提供給朋友們。

還記得我們聊過觀眾分享懶人圖解簡報的原因，是用來「塑造自己的網路形象」嗎？若你不斷的分享實用的資訊，就能塑造自己的專業形象，把自己跟「實用」連結在一起，讓人覺得只要是你分享的東西，就值得一看，藉此提高你的網路聲望與互動率，這就屬於「實用資訊」的社交動機。

若你製作的懶人圖解簡報是屬於專業知識類型，尤其是技巧分享、閱讀心得、上課心得…等，就符合「實用資訊」的社交動機，被分享的機率也大大提高。

時事趨勢

嘿嘿，我趕上潮流啦！

「這是現在最流行的話題」

簡單來說，時事趨勢就是「流行」。資訊爆炸的年代，網路訊息迭代得很快，每個人都在追求最新、最快，只要是最潮的時事或話題，就容易在幾天內被大量的分享，因為這能幫助觀眾塑造「跟得上時代」的形象，並且大幅地增加社交互動。

這也是當初文字型懶人包興起的原因，更是目前許多懶人圖解簡報的製作動機，只要搭上風潮，就能被大量轉載，甚至獲得各種機會，例如專訪、上節目、邀請製作更多懶人圖解簡報…等。

但要注意的是，要符合時事趨勢的動機，製作的速度必須要非常快，不然一件時事可能最快三天就退燒了，到時再發表相關的懶人圖解簡報，就沒什麼意思，也沒有效果了。這類型的懶人圖解簡報主題很廣泛，無論是新頒布的法令、新聞、網友的事蹟、新手機發表會…等，只要是屬於最新最潮的事物，快速的製作出來，就可以吃到時事趨勢的紅利！

知識權威

「我懂這些東西，厲害吧」

這通常會是專業人士，或想成為意見領袖的人，他們分享貼文背後的動機。藉由不斷分享、產出特定領域的知識懶人圖解簡報，讓其他人覺得他是這領域的權威，藉此打響自己的個人品牌。

個人品牌雖然聽起來是在經營「個人」，但背後的成因是：為了某個特定事物不斷發聲，也許是有深刻的研究、也許是有得到的見解、或是為某領域付出很多心力，這些成果堆疊起來，才能讓個人品牌發光，讓大眾覺得你是特定領域的「專家」、「代名詞」，以我來說就是不斷朝簡報、扁平化、教學的專家邁進，你也可以思考想要成為怎樣的品牌，在後續的章節，我會給你相關的建議。

因此若你要利用知識權威的社交動機，你的懶人圖解簡報主題就會是某特定領域，並且幫觀眾濃縮大量專業知識，才能吸引相關人士分享。

資訊先鋒

「我來開啟大家的眼界」

　　這個社交動機跟時事趨勢有點像，都是在追求最新的事物，而最關鍵的差異點就在於「知道這件事的人數多寡」。

　　時事趨勢是事情已經發生，且有大多數人知道，只是缺乏統整，我如果做一份統整的懶人圖解簡報出來，幫助觀眾們搭上潮流。而「資訊先鋒」則是這個東西目前很少人知道，我做的懶人圖解簡報就是創造潮流，開啟眾人對這件事的認識，也讓觀眾變成「最先開始討論這件事」的少數人之一，為他們創造獨特感。

　　因此資訊先鋒的懶人圖解簡報，往往是獨家消息類的主題，例如○○企業不為人知的秘辛、最新一代 iPhone 開箱、新開放景點遊記…等，目的就是在創造潮流，也幫助觀眾打造走在時代尖端的形象。

開啟對話

「我想跟大家討論這件事」

大多數人都是群體動物，渴望跟其他人有連結，因此社群媒體會風行的原因，有個很大的因素是能吸引關注，進而跟各地的網友交流、對談。因此懶人圖解簡報的其中一個公用，就是幫助觀眾跟他人產生連結，進而開啟對話。

這跟「意見探詢」有相似之處，彼此也會交疊出現，最根本的不同之處在於，「意見探詢」是自身還沒有什麼想法，想聽聽親朋好友們的意見。而「開啟對話」是自己已經有想法，分享懶人圖解簡報的同時，也將自己的意見講出來，期待親朋好友們在線上跟自己展開討論。

若想利用開啟對話的社交動機，就要對觀眾有非常深刻的剖析，才能知道哪種主題的懶人圖解簡報能讓他產生想法、想要對話，進而分享。

自我揭露

「這跟我本身的故事好像」

　　這通常是觀眾被內容打中心裡，覺得當中的故事跟自己好像，幫自己講出了心中的感覺與經歷，就引發了分享的動機，希望跟大眾說明自己的狀況，揭露自身的想法與情感。（另一種情形，是觀眾想要別人以為他是這樣，這種的我們就不多加討論。）

　　跟自我揭露有關的主題，大多是屬於感性主題的懶人圖解簡報，也許是一個故事或一首詩，大多聚焦在兩性、感情、親子，如果你很擅長寫這些主題的故事，這將會是你可以善用的社交動機！

社會公益

「**我們應該要**伸出援手」

最後一個社交動機最直觀，就是引發人的惻隱之心，集合眾人之力做善事。這在社群媒體上也非常風行，例如之前的冰桶挑戰，或是各種集氣文、加油文，都屬於社會公益的範疇。若要為社會公益盡一份心力，我建議可以將各種公益團體的困境、背景故事、需求做成懶人圖解簡報，讓更多人認識他們，將網路易傳播的特性發揮良善的效益。

十大社交動機之間並不是完全獨立，彼此會有重疊之處，或是隨著時間會有不一樣的動機。而且同一份作品，在不同人身上引發的社交動機也不同。因此我的建議是，在設計懶人圖解簡報的內容時，若能把越多的社交動機考慮進去，被瘋傳的可能就更大囉！

PART 3

複雜變簡單！
轉化懶人圖解
簡報內容

3-1

讓人一看就懂！
如何轉化專業術語

　　阿城是科技業的工程師，他來上課時跟我說了他的困擾，因為他的工作常需要跟別部門同仁溝通，而這些同仁都是非工程背景，他覺得每次溝通都很花時間，因此想到可以先把一些背景資料，或是過去曾經被問過的問題，做成簡報，給其他部門的同仁看，看完之後再討論，就可以大幅減少來回溝通的時間。

　　但是當他整理好內容之後，請比較熟的同事幫忙看一下，卻得到這樣的回應：「每個字拆開來都看得懂，但是合在一起就不知道你在說什麼！」

　　其實很多專業人士都遇過跟阿城一樣的問題，還記得我們一開始提到的懶人圖解簡報三大地雷，其中有一個就是「太過專業」。

　　專業人士都經過長久的訓練，有著豐富的經驗，但是在面對一般人的時候，往往忘記溝通的對象並不是跟自己一樣有訓練或有經驗的專家，常常用專業術語或是行話來跟一般人講解，但這只會讓對方搞不清楚你在講什麼。因為彼此的知識水準沒有在同一個等級上，就會造成雞同鴨講，即使有再多好點子、再多含金量高的內容，都沒有辦法順利傳達，因為對方根本就聽不懂！

　　專業術語並不是不好，而是要看溝通的對象是誰。如果對方是同領域、同經驗的人，那用專業術語可以加速溝通，因為這是大家都懂的

東西，不用費力去解釋。但是在面對不同專業的人時，就要盡量避免，以免掉入知識詛咒的陷阱！

而懶人圖解簡報大多數是做給非專業的人看，
因此要做到老嫗能解。

許多簡報競賽會找小孩來當觀眾，其實也是這個道理，如果你上台簡報連小孩都聽懂你講的內容，那你未來對任何人簡報應該都沒問題。懶人圖解簡報也是如此，如果可以讓不同領域或一般人都看得懂，那要傳播你的專業知識就難不倒你！

所以我們必須「轉化自己的專業內容」，我們沒有辦法為每個懶人圖解簡報的觀眾補足專業知識，因此在編寫內容的時候就預先處理，讓任何人不需專業知識也能看得懂。

**我推薦大家一個心法，這是我很尊敬的楊田林老
師所倡導的：**用觀眾聽得懂的話，來講他們不懂
的東西。

也就是利用譬喻、轉化的方式，讓艱深的專業術語變成觀眾好吸收的內容。在實際操作上，我們可以利用「故事」跟「經驗」來協助轉化內容，因為故事跟生活經驗都已經存在觀眾的腦海裡只要把專業術語跟故事經驗做連結，觀眾就能很快的瞭解我們講的是什麼！

利用「故事」讓聽眾領悟專業內容

人很喜歡聽故事，好好的利用故事，不但可以吸引人的專注，更可以幫助說明專業內容，讓人快速吸收。

像是心理學有許許多多的專業原理，而原理的解說通常都會伴隨著故事，藉由這些故事的輔助，原本艱深的專業內容都變得平易近人，而且容易理解。

譬如我之前聽過的畢馬龍效應（Pygmalion Effect），它的理論內容原本是這樣的：「在行政管理方面，畢馬龍效應是指管理人員擬定原則、設立結構、發展體系，然後讓其下屬學習掌握這些抽象概念，以求最終轉變為實際工作中的操作行為，這樣一種過程即稱為畢馬龍效應。這一名詞用在教育領域上，通常是與「自我應驗預言」(self-fulfilling prophecy) 互用，是指教師期望，對學生學業成績和智商發展所產生的影響。」（引用自國家教育研究院）

如果我們只看上面的專業解釋，可能會對畢馬龍效應的意義愈看愈模糊，但如果補上這個故事：「畢馬龍是古希臘神話中，一位精於雕刻的國王。他塑造了一座美麗的少女雕像，並深深地愛上了他創作的這個少女。他將這座雕像視如真人，且立下誓言要與之長相廝守，終於感動了掌管愛與美的女神，使其心愛的雕像少女變成了真人。」（引用自國家教育研究院）

透過故事譬喻，是不是感覺就不一樣了？大部分的專業術語與相關解釋都很硬梆梆，但藉由故事來補充解釋，你會覺得腦中有了畫面感，也會覺得自己比較聽得懂，這就是故事的魔力！

　　我們可以如何應用在懶人圖解簡報上？我建議可以用每個人都耳熟能詳的故事來跟專業內容連結，藉此幫助觀眾理解，例如各種童話都是非常好用的故事，因為大部分的人都聽過童話。

從前從前⋯

可以用每個人都耳熟能詳的故事，來跟專業內容連結，藉此幫助觀眾理解，例如童話就非常好用，因為大部分的人都聽過童話。以三隻小豬為例⋯

有位保險業的學員就利用三隻小豬來類比不同等級的保險，她把意外疾病譬喻成大野狼，不同等級的保險譬喻成三隻小豬的草屋、木屋、磚頭屋，接著跟客戶說：

利用簡單的故事，就能有效的讓顧客瞭解要講的內容，並且給顧客自己做選擇，這就是故事好用之處。

另一位醫師學員也是利用三隻小豬的故事，來對病患說明運動的重要性：

 VS VS

走路搭車　　　　操場快走　　　　定期運動

他把疾病譬喻成大野狼，運動量譬喻成三隻小豬的房屋，例如有人覺得走路搭車就叫運動，這就是草屋；吃飽飯後快走操場幾圈是木屋；每週固定運動五天，每次至少做一個小時以上的運動，就是磚頭屋。

…所以要多運動

懂嗎？

懂了！

接著問病患：「當疾病來襲時，你覺得哪一種運動可以有效抵禦疾病？」藉由故事的幫忙，他不用講解一堆專業術語就能讓對方秒懂，這就是故事的力量！

利用「經驗」讓聽眾感同身受

除了故事，我們也可以利用觀眾日常生活的經驗來輔助說明，藉此產生熟悉感，並且讓觀眾秒懂！

以前在醫院帶學生的時候，我發現學生都很認真唸書，因此在跟病人講解病情的時候，就直接把書上的專業知識背出來，結果病人和家屬都是有聽沒有懂。

像之前學生跟病人解釋中風後會有「肌肉痙攣」為例，他是這麼說的：

「痙攣乃一種肌肉張力過強或超過正常值，並具有高度化之深部肌腱反射的狀態。也就是說具有過度作用的伸張反射、陣攣 (clonus)，且骨骼肌對被動動作之抗阻增強等特徵的臨床併發症狀。其病因有許多不同的種類，對於其詳細而確實的機轉，目前仍不十分清楚。主要的特徵是：對外力的抗阻增加、深部反射較正常者誇張、時有陣攣的現象。」（引用自國家教育研究院）

不用我說，你也能猜到這樣的解釋一定會讓病人跟家屬**聽**不懂，因為就算是醫療從業人員都不一定背得出來這些專業內容，因此…

　　因此我會換個方法跟病人解釋，利用他們過去的生活上經驗來講解專業知識，像「肌肉痙攣」的案例，我會利用開車、騎機車來講解。

 先詢問：「過去有開車或騎機車嗎？」，大部分會說有。

 我再問說：「開車要踩油門、騎機車要手轉油門，車子才會動對嗎？是不是油門踩的越大力車子跑越快；輕輕踩速度就很慢？」等到對方說對，我就請問他：

請問有遇過油門壞掉的情形嗎？會發生什麼事情？

有啊！之前機車油門壞掉…

 or

「催很大力車子卻不會跑，有時候只是輕輕地轉一下，車子就衝很快！感覺好像車跟油門沒有連線好啊，整台車都失去控制！」

 =

我就會接著說：「其實中風後也是這樣子，大腦就像我們身體的油門，負責控制手腳的活動，健康的時候都是正常運作，所以我們可以自由的活動手腳。」

但是中風之後，就很像油門壞掉一樣，大腦沒有辦法有效控制手腳，很有可能想要讓手動，卻動不起來，或是不想讓手那麼用力，卻偏偏會出太多力。

因此所謂的中風後肌肉痙攣，就是身體的油門壞掉了，因此需要物理治療來把油門修好，讓手腳依照自己的意願自由活動

像這樣轉化，不要用太多專業術語，只要用車子跟油門來譬喻，就可以讓病人瞭解自己的身體狀況，這就是生活經驗的好用之處！利用觀眾本來就經歷過的事情，就能讓觀眾秒懂。

最後請大家記得，製作懶人圖解簡報時，不要用專業來解釋專業。

也就是為了解釋一個專業術語，反而引用了更多的專業術語，這樣只會讓觀眾更混亂，反而更沒有辦法理解！

只要運用以上兩種方法，就能轉化專業術語，用觀眾懂的話，講解他們不懂的東西。

在實際製作時，請先檢視懶人圖解簡報的內容，看看有沒有太多專業術語，請一一的挑出來並且中翻中，利用「故事」跟「經驗」轉化成平易近人的內容，觀眾看得懂，吸收了好知識，懶人圖解簡報才有價值！

經過轉化之後，我們的懶人圖解簡報內容應該很完整囉，接下來我想跟你分享如何讓觀眾一看就停不下來，快繼續看下去吧！

3-2

讓人看了停不下來！
如何設計情境鉤子

如果現在有兩部電影，一部叫【樹木的生長】，內容就是單純的紀錄片，拍攝種下種子到長成大樹的過程，劇情很固定，就是畫面固定照著土壤，看種子發芽、越長越大。另一部叫【不義聯盟：英雄再起】，內容就是大場面、大製作的英雄片，劇情高潮迭起。請問，你覺得大部分的人會想看哪一部？

沒意外的話，我想答案應該都是英雄片，因為一般人都會覺得樹木紀錄片很無趣，沒什麼起伏，也就沒興趣想看。

對於懶人圖解簡報來說，我們也要注意自己的作品是枯燥乏味？還是引人入勝？而所謂的引人入勝，不是說我們就要把內容變得有趣或好玩，而是要設計中「勾引人一直看下去」的「情境鉤子」，一起來看看該怎麼做吧！

讓觀眾好消化的內容份量

在盤點自身資源、剖析觀眾心理、依主題類型發想內容之後，我們會有一份懶人圖解簡報的原始內容，此時要注意的是不要誤踩地雷，直接把原始內容貼上去，因為「資訊太多，就是雜訊」，如果每一頁都一大堆文字，就違反了懶人圖解簡報的核心精神，而且浪費彼此的時間，不如不要做。

為了避免字太多，請記得「一張一重點」的原則，讓懶人圖解簡報一個頁面講一件事情就好，所以我們要將原始內容拆分成小段落，讓觀眾好消化。但是該怎麼拆分呢？根據我的製作經驗，提供你以下原則。

建議你可以將原始內容在電腦上直接拆分，並在每個段落前加上編號。

文字量較大的懶人圖解簡報版面，文字內容請控制在六十個字以下，就能兼顧資訊清楚與畫面美觀。

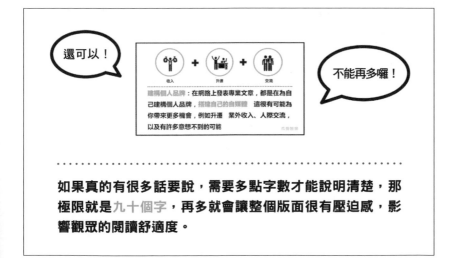

如果真的有很多話要說，需要多點字數才能說明清楚，那極限就是九十個字，再多就會讓整個版面很有壓迫感，影響觀眾的閱讀舒適度。

這樣有兩個好處,第一個好處待會再說,第二個好處是編號就是懶人圖解簡報的頁碼,你可以藉此看看自己的懶人圖解簡報是否頁數太多了!

個人建議一份懶人圖解簡報不要超過 40 頁,不然會讓觀眾看得很累,因此如果在拆分內容時發現頁數很多,建議可以改寫內容,或是將其拆成好幾份懶人圖解簡報,以免讓觀眾的負擔太大。

在觀眾腦中建立清楚框架

當我們將內容拆分好後,整份懶人圖解簡報就有了雛形,但為了讓觀眾想看且想分享,把懶人圖解簡報的效益發揮到最大,我們要進行下一個步驟,來讓整份作品錦上添花,那就是「架構強化」。

無論是哪種類型的懶人圖解簡報,擁有好的架構才能讓觀眾快速理解內容。

但一般人往往專注在畫面設計,卻忘了架構設計。你可能心想:「哪需要什麼架構,我的懶人圖解簡報內容很清楚,觀眾一定一看就懂啊!」但是清不清楚,是觀眾決定的,而不是作者本人決定的。由於懶人圖解簡報的內容通常是作者熟悉的領域,所以作者本人看起來會覺得簡單易懂。

像我們之前所說的:「隔行如隔山」觀眾若不是同專業領域的人,或是累積的知識沒有像作者那麼多,理解的速度就會比較慢,甚至覺得太深奧就不想繼續看下去。

為了幫助觀眾理解,除了要轉化專業術語之外,我們還要在觀眾的

腦中建立框架，幫助加快理解速度。而框架就是「架構」：

> ***讓觀眾*** 順著架構走，***就好像搭手扶梯或電梯上樓一樣，輕鬆又自在，並且知道自己一定可以走到目的地。***

那我們該如何為懶人圖解簡報設計出好架構？下一篇，我要提供一個自己研究出來的萬用架構心法：「SCAN 法則。」

3-3
用 SCAN 法則架構
引誘觀眾心情的內容

　　讓我們來開始著手，把自己的內容重新架構，製作成讓人想要一口氣看完的簡報吧！

　　SCAN 法則是由四大部分組成，分別為：

Situation（現況）：現在發生什麼事？簡潔的向觀眾說明現況

Consequence（後果）：上述的情形會導致什麼事件發生？

Aims（目標）：為了避免或達到上述的後果，我們可以怎麼做？

Need（解法）：想達到這個目標，我們該怎麼實際進行？

用架構就能牽動觀眾心情

SCAN 法則並伴隨有一條心情起伏的曲線。

說出「現況」，帶動觀眾感受到自己也身在其中的心情。接著說出「後果」，影響觀眾心情開始沉到谷底，感受到改變的必要。然後說出「目標」，觀眾要開始看到曙光，心情逐漸從谷底爬升。最後說出「解法」，於是觀眾感受到自己全新的改變，心情提升到比一開始的現況更高的高峰，創造最後的高潮。

這條曲線代表的就是觀眾的心情，我們利用架構牽動觀眾的心情，透過現況、後果、目標、解法的四個架構，就能帶動觀眾的心情起伏，讓他們感受到高潮迭起的刺激與驚喜。

即使你描述的不是英雄片，而是專業內容的簡報，這樣的架構也有同樣效果！

請幫我記住這個口訣： *心情有起伏，觀眾有記憶。*

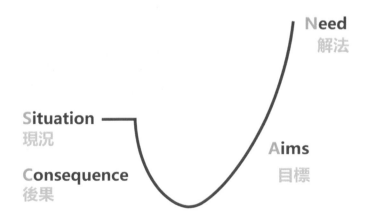

你如果閉上眼睛回想一下，會發現人生中大部分深刻的記憶都伴隨著情緒，我們的記憶中，充斥著各種重大的事件、經典的時刻，而無論是哪種記憶，都一定有開心、難過、憤怒…等情緒伴隨著。這是因為不會牽動你情緒的事情，你根本不會去記。

因此很多演講、故事、電影也會利用這種架構讓觀眾留下深刻印象。

例如演講很常會像下面這樣進行。

 講者先快速介紹自己**，說他是誰，現在在做什麼，過去做了什麼（ Situation 現況）**

 接下來就說生活突然發生變故，或身體出了什麼問題，導致人生一夕改變**（ Consequence 後果）**

 再來會告訴大家那段時間他有什麼體悟**，像是「躺在醫院的病床上，我只能一直看著天花板，突然間我體悟到…」（ Aims 目標）**

 最後再呼籲觀眾跟他一起做出改變（ Need 解法），觀眾的情緒就會隨著講者的人生而起伏，最後對講者留下深刻印象

　　而電影也會照這樣的架構去推進劇情，例如賣座的超級英雄片，通常都是像是這樣的走向：

- **一開始先從日常生活的場景開始，大家和樂融融（Situation 現況）。**
- **接著魔王出現要毀滅世界，主角跟民眾的生活受到威脅（Consequence 後果）。**
- **再來主角就會奮起抵抗，並且發現有個方法或道具可以打敗魔王（Aims 目標）。**
- **最後就踏上旅程、集結夥伴，最終打倒魔王（Need 解法）。**

　　觀眾的心情就隨著劇情而起伏，最終也對電影印象深刻。

　　為了讓懶人圖解簡報的效益發揮到最大，我們可以應用這個概念，利用架構牽動觀眾的情緒，讓他們更容易記住懶人圖解簡報的內容！

　　在瞭解了好架構能帶來的好處之後，接下來我想跟你分享 SCAN 法則這四大階段，我們應該要做到的重點分別是什麼。

S：Situation 現況

　　由於現況是懶人圖解簡報的開頭，因此要簡潔快速地說明這份懶人圖解簡報是要講什麼，但是如果只是平鋪直敘的講出來，那未免太無趣，因此我建議可以利用故事、場景、案例…等來做開頭，讓觀眾能很快地進入情境，並且有興趣繼續看下去。

　　例如要介紹一款產品，開頭可以先描述觀眾會遇到問題的場景，就能讓觀眾覺得你很懂他，觀眾邊看會邊想：「對對對，真的會這樣！」，也覺得這份懶人圖解簡報有值得繼續看下去的價值。

先讓觀眾感受並認同現況，接著再講解產品如何解決這個問題，才能讓觀眾留下很深的印象。

除了用講故事或場景描述來開頭之外，還有一個祕技可以讓懶人圖解簡報的開頭更加分，那就是「點出問題」，快速交代場景很多人都做得到，但是如果你想傳播的是某種專業知識，那麼先點出問題，讓對方知道這是迫切要解決的問題，才會吸引對方看下去。

舉例來說，我之前做的預防兒童性騷擾懶人包，開頭就先說出「最近狼師事件頻傳」、「根據調查，孩童最容易受到侵犯」，用簡單的幾張圖就把現在發生什麼事交代清楚，並且點出了問題。

因此在「現況」這一步，我們要做到的重點就是「點出問題」，讓觀眾知道你從目前的情況、話題、時事中，發現出了什麼問題，想跟受問題影響的觀眾們分享，引起他們的興趣，快速建立連結感，接著就能進行下一步：後果。

C：Consequence 後果

當我們點出問題之後，接下來就要跟觀眾好好的說明，這個問題會造成什麼嚴重後果！

為什麼要這樣做？背後的思考是這樣的，人難免都有點自私，如果這個問題跟自身沒有什麼相關，也不會造成任何危害的話，大多數人就不會放心思在上面。因此，我們要反過來利用這一點：

> **讓觀眾覺得我們點出的問題，其實會造成嚴重後果，這後果** 有可能危害到觀眾本身或是他們的親朋好友 **，藉此拉高他的關注度，並且牽動他的心情。**

還記得我們在一開始提到的心法嗎？「心情有起伏，觀眾有記憶」，利用後果來牽動觀眾心情，更能加深他們對懶人圖解簡報的印象，並吸引他們繼續看下去。

請幫我記住，在後果這一步要做到的是「打進心裡」，我們必須不斷思考後果是否跟觀眾切身相關，能不能打進他們的心裡。

但是隨便講出來或是硬湊的後果，是沒有辦法牽動觀眾心情的！我們所提出來的後果必須跟觀眾有關，最好是他一看到就會臉色大變的那種，這樣他才會想知道「該怎麼辦？」，就會更想繼續看下去。

你可能會問：「我怎麼知道能不能打進心裡啊？」關於打進觀眾心裡的秘訣，其實我們在前面的章節就已經提到了。

還記得我們說過在製作懶人圖解簡報之前，必須要先剖析觀眾嗎？當你越了解觀眾的各種基本資訊，並且知道觀眾心中害怕或渴望的東西是什麼，你就能在這一步提出跟觀眾切身相關後果，並且打進心裡，就能有效地去牽動觀眾的心情。

在「預防孩童溺水秘笈大公開」懶人包當中，我的目標觀眾是家長，當時適逢暑假期間，因此我點出了孩童溺水時往往無法呼救，而且會造成咽喉痙攣、肺部進水、腦傷死亡等傷害，瞬間拉高了家長們的警覺意識，又因為跟孩子息息相關，所以觀眾心情通常會跌到谷底，就更想知道該怎麼辦。如此一來就達到利用架構牽動觀眾心情、加深印象的目的。

當然我們不能讓觀眾心情一直在谷底，所以接下來我們就可以進行到下一步驟：目標。

大多數時候利用觀眾的「害怕」來當作後果並引發驅動力，是個有效的方法，但這不是絕對，因為利用「渴望」也是另外一個好方法，先講出觀眾心中想要的事物，引起興趣之後，再跟他們說怎麼得到，也是另外一種「後果」架構做法！

Aims 目標

當我們利用現況與後果拉高觀眾興趣之後，接下來這一步我們要「提出目標」，為觀眾説明如何避免剛剛提到的後果（或是達成他們的渴望），而且這個目標最好能對觀眾來説是個獨特觀點。

這個「目標」並不是要打高空，重點是在於能不能利用自身的經驗、知識、專業，來提供觀眾一個獨特的觀點！

一般的簡報或演講很常利用這個方法，讓聽講的人留下深刻印象。

例如去跟客戶提案，在這部分會提出一個特別的方案。名人演講，會提出一個他感悟到的特殊想法。TED 類的演講，會提出個觀眾以前不知道的新發現。

像是很多年前美國前副總統高爾針對溫室效應的演説，就提出了其實有很多更乾淨的發電方法，而且已經有了超乎預期的成效。

而懶人圖解簡報也該如此，因為如果懶人圖解簡報的內容看起來跟別人大同小異，那其實很無趣。

懶人圖解簡報最大的特色，就是作者濃縮淬煉過的知識，因為每個人專業領域不同、詮釋的方法不同，因此產出的作品都是獨一無二

的，如果你只是提出一個大家都知道的東西，那觀眾何必要看你的懶人圖解簡報？因此請一定要提出獨特觀點，讓觀眾知道看這份懶人圖解簡報是有價值的！

例如在我先前製作的「防制兒童性騷擾懶人包」中，我提出了一個跟當時大眾討論方向不一樣的觀點。這份懶人圖解簡報的時空背景，是狼師事件發生的那段期間，當時有許多人出來說自己或朋友都遭受過侵害，社會討論的方向也是聚焦在如何抓出這些狼師，要怎麼懲罰他們，該怎麼讓更多人出來說出自己的遭遇，該怎麼治療他們心理的損傷 ... 等，而我閱讀完人本基金會所出的預防兒童性騷擾防治手冊之後，提出了「除了善後，更要預防」的觀點，希望大家除了專注已發生的事件之外，更要努力預防未來類似事件的發生，也因為這個不同的觀點，這份懶人圖解簡報引起了廣大的迴響。

因此當你要製作一份懶人圖解簡報時，請先想想，關於這個主題你有什麼最特別的東西可以放進去，這就是讓你的懶人圖解簡報與眾不同的核心！

N：Need 解法

所謂的解法，其實就是「實際可行的步驟」。

許多人在上台簡報或是製作懶人圖解簡報時，會做到現況、後果、目標這三部分，但是就缺少了「解法」這一步，這會讓觀眾聽完或看完後無所適從。因為缺少了實際可行的步驟，他們會覺得好像學到了一個好的知識，但是卻不知道怎麼應用、怎麼實行，又因為沒有實際應用，最後也就忘了這個知識，這是非常可惜的一件事！

因為懶人圖解簡報除了能讓觀眾們在短時間內獲得大量好知識之外，最好還能引發改變，促進觀眾實際行動。

> 而「*實際可行的步驟*」就能降低觀眾行動的門檻，讓觀眾看完就能做、會做，行動了`觀眾自然就更容易記住。

例如：懶人圖解簡報主題如果是運動的好處，目的是呼籲大家開始運動，在解法的這部分，就要幫觀眾規劃在家或辦公室就能做的運動，讓觀眾看完就知道怎麼運動，並且可以馬上開始做。若主題是節能環保，請幫觀眾列出生活中有哪些節能的方法。若主題是財務規劃，請幫觀眾列出拉高儲蓄率、有效投資的步驟。

以此類推，無論什麼主題，都要幫觀眾規劃步驟，建議把步驟切分的小一點，觀眾行動的機率就越高，這份懶人圖解簡報的價值就很高！

你可能會問：如何把步驟切小一點？如何給觀眾實際可行的步驟呢？

原始知識　　　　拆解轉化　　　　一看就懂

我們必須換位思考，把自己習以為常的事情轉化拆解，讓初學者都能一看就懂，**依照這個標準來拆解步驟，就不會出太大問題！**

　　舉例來說，我之前做的「肩頸保健懶人包」，目標觀眾是沒有專業知識的一般民眾，其中有個解法是請大家平時就要自我保健，因此要教觀眾自己拉筋。一般人在做的時候，可能就直接放上一句「平時要自己拉筋」再配個圖就結束了，但是觀眾並不是相關專業人士，不知道怎麼正確拉筋，因此我的作法就是把拉筋拆解成：

1. 坐正，抬頭挺胸不駝背，縮下巴。
2. 雙腳平穩踩地，將右手放在臀部下，用身體重量固定右手。
3. 左手繞過頭頂，摸到右邊的耳朵，兩邊肩膀固定不聳肩。
4. 吐氣，左手將頭平穩地往左帶，想像左邊耳朵要去碰左邊肩膀。
5. 感覺到右邊肩頸肌肉緊繃時，停住並維持呼吸，15-30 秒後換邊。

　　照著這個步驟走，就算沒有學過相關知識的人也能輕鬆完成拉筋，這樣就完成了很棒的步驟拆解，提出來的「解法」就能跟「目標」有好的呼應。

　　總結來說，SCAN 法則可分成兩大區塊，第一區塊是 Situation（現況）與 Consequence（後果），這其實就像是在寫一部微小說，利用場景、故事、剖析心理…等元素來打造鉤子，吸引觀眾上鉤，讓觀眾想看，並且繼續看下去。

　　第二區塊是 Aims（目標）與 Need（解法），這部分是整份懶人圖解簡報的精華，要給觀眾的知識、觀點、好用的步驟…等都在這裡，是讓觀眾豁然開朗、在短時間獲得大量好知識的重點。

　　當你將懶人圖解簡報的內容寫好時，可以將內容填入 SCAN 法則中，看看四大部分中，有沒有哪部分比較欠缺，就能趁機補足，整份懶人圖解簡報的內容架構就能牽動觀眾情緒，讓人留下深刻印象囉！

PART 4

這樣設計圖解！
讓懶人圖解簡報
更吸睛

4-1

不需是專業設計師，也能讓你的圖解很美

　　我們在盤點好資源、確定懶人圖解簡報主題、瞭解觀眾需求、也將專業術語轉換成觀眾能理解的文字，並且將內容套進去好用的萬用架構（SCAN 法則）之後，現在要做的，就是把精心設計過的內容搭配圖像，正式做成一份懶人圖解簡報了！

　　如果你確實完成了以上提到的步驟，你會發現你在製作懶人圖解簡報的效率變得非常快速，因為你已經把所有的東西都確定了，現在要做的就只是：

> **把內容文字轉換成圖像，就能產出一份有圖有文的懶人圖解簡報。**

　　所以在這個章節，我要跟你分享自己多年累積的製作心得，例如排版怎麼排、文字怎麼轉換成圖像、扁平化該怎麼運用⋯等等。

核心原則：簡潔，就是美

　　首先我想先請你記住一個核心觀念，懶人圖解簡報的版面最重要就是要做到「簡潔」。

你可能會覺得很奇怪，怎麼會是簡潔？一般來説，既然是圖解，不是都應該要做得很美嗎？

其實所謂的美，是很多人在製作懶人圖解簡報時會誤犯的錯誤。

很多人為了追求版面的美，或是為了要很吸引人，想做出很特別的作品，往往會加上過多的裝飾，或是用太多的色彩，唯有塞滿整個版面才覺得説：「嗯，我的作品是有設計感的！」

可是真正的設計其實是背後要有一套思考邏輯，每一個出現在版面上的元素都是要有他的原因，沒有任何的多餘，這樣就能體現出設計的美。

如果只是把一些華而不實的東西放上去的話，那就只是裝飾，而裝飾是沒有用的，並且會變成一種雜訊，這會阻礙觀眾理解你的懶人圖解簡報。

除此之外，美這種東西是非常主觀的，還記得我們在剖析觀眾的時候，會發現每個人的背景、經歷、成長環境都不一樣。那你想一想，你認為的美，跟我認為的美會一樣嗎？應該不會相同吧！因為美是非常主觀的，這才造就了藝術會有那麼多的解讀方式，而我們要做的不是藝術品，如果是藝術品，那可能真的只有設計師才能做出好看簡報了。

但是，我們要做的是能吸引人想觀看，又能快速理解的懶人圖解簡報。因此我們只要做到簡潔就好！

雖然美是很主觀的東西，但是關於簡潔這件事，大家的標準都差不多。

在這個資訊爆炸的年代，到處都充滿了各種資訊，社群媒體上充斥著各種五光十色的東西，這時如果你的作品看起來很簡潔，其實是很容易脫穎而出的，就好像是在喧囂世界中的一個寧靜角落，會讓人特別嚮往。觀眾看到你的懶人圖解簡報，會覺得你特別不一樣，這就是極簡風格一直流行的原因。

但是我們要怎樣做出簡潔的懶人圖解簡報呢？很多人會說：「那我們就來自己研究設計與排版吧，看設計師只是移來移去而已嘛！」其實排版與設計是很專門的領域，裡面包含非常多的原理跟技術，你所看到的移來移去，都是設計師們的知識與經驗的結晶，所以要在短時間內達到設計師的境界，其實是很難的！

所幸，我們今天並不是要去當個設計師，只是要把懶人圖解簡報的版面做得簡潔，這就簡單很多！

在這裡，我想跟你分享三個剛好夠用的技巧，這些技巧是我研究了很多設計理論，以及長年製作累積的心得，最後濃縮歸納出來的技巧，只要把這三個技巧記在心裡，並且時常使用，你就能讓你的懶人圖解簡報既簡潔又吸睛。

這三個技巧分別是：*對齊、留白、色彩。*

4-2

懶人圖解的三大排版技巧

　　接下來，我們就一一來學習這三個排版技巧：「對齊、留白、色彩」，其中的原則，跟使用訣竅。

三大理由

| | 對齊 | 留白 | 色彩 |

技巧一：對齊就好！

　　來，我們先看一下這張圖：

> # 手繪
> ---
> **理解**：去觀察目標物的樣子
> **分解**：手畫大概輪廓
> **再構築**：最後再轉換線條

你覺得這張圖有哪邊怪怪的嗎？在看的時候你會不會覺得好像有點不太舒服，感覺這圖怎麼到處都歪來歪去不對齊呢？如果我們調整一下，把這張圖的各個元素重新排列變成像這樣：

手繪

理解：觀察目標物
分解：畫大概輪廓
再構築：轉換線條

你是不是覺得看起來就舒服很多，而且覺得它很簡單乾淨，很舒服，如果再加上一些圖片，像這樣：

手繪

💡 理解：觀察目標物
⠇ 分解：畫大概輪廓
▦ 再構築：轉換線條

有了相對應的圖片之後，你會發現除了看起來簡潔明瞭之外，還能瞬間理解這張圖要講的東西是什麼，是不是很神奇？

> **在上述的設計改進，請問我有做了很多設計或者排版嗎？其實沒有！除了加上圖片之外，我唯一做的就是**把各個元素對齊。

請記住以下口訣：

歪斜使人痛苦 對齊讓人舒服

　　我們要特別注意，如果懶人圖解簡報的版面有很多歪斜的元素，那很有可能會造成觀眾在觀看跟理解上的阻礙。如果我們能將這些細節都打點好的話，就能創造一份很有質感的懶人圖解簡報！

因為人很喜歡看畫面上看起來不太一樣的地方，大腦很容易把注意力放在這些地方，很耗費腦力資源，所以懶人圖解簡報有很多歪斜的地方，大腦就會去一直注意這些地方，就沒有多餘的腦力去理解內容了。

小時候班上成績好的同學，老師通常就覺得他們好像一切都好，往往就是模範生候選人，但實際上成績沒有辦法代表一切對吧？

我們看到長相比較好看的人，或是收入比較高的人，也會推論他什麼都好，例如個性好、多才多藝、好學、熱心、善良…等等，但是事實會如此嗎？

我們只是被他那主要的光環所迷惑
了，這就是月暈效應造成的現象。

而月暈效應並不只是會發生在好的地方，也有可能會有反效果。

例如我們如果對一個人有刻板印象的話，你可能會覺得她不管做什麼事都是不好的，可能個性也不好，可能很懶惰…等，會自動幫他加上一些他可能原本沒有的缺點。

這套用在懶人圖解簡報上也是一樣，如果我們呈現在觀眾面前的作品有很多的錯誤，還有很多細節沒有處理好，由於月暈效應的局部推斷整體，很有可能會造成觀眾對整份懶人圖解簡報信任度下降，我們就失去了一個可以建立個人品牌或傳播專業知識的機會。

所以請一定要記得，懶人圖解簡報版面的第一個要訣，就是要把畫面上的各個元素都對齊，不管是圖像、線條、文字，都要排得整整齊齊，創造畫面的規矩，讓觀眾看了舒服。

如何對齊？

知道了這個原理後，我們該怎麼樣做好對齊？

許多學員或朋友跟我反應，說他們知道要對齊，但是在製作的時候發現對老半天，卻不知道自己有沒有對齊，總覺得還是哪裡歪歪的，有些人會說用了簡報軟體的自動對齊之後，看起來好像還是歪的，不知道該怎麼辦。

其實，我們人的視覺跟大腦很容易被騙，常會有誤差，所以如果光用自己的眼睛來對齊，是非常困難的，因為我們很容易產生錯覺。，而簡報軟體的自動對齊，例如 powerpoint，它對的其實是「物件的外框」，所以如果你的物件外框大小不一樣，按了自動對齊之後他是有對齊，但是對齊的是外框，所以實際上你想對齊的物體或是文字，還是沒有對到。這時候該怎麼辦？

如果我們回歸本質，其實有個很基本的方法可以解決這個問題，那就是「插入直線」。不管是哪種簡報軟體，都會有一個插入圖案的功能，我們可以藉由插入圖案功能中的「插入直線」，來幫助我們對齊。實際上的做法很簡單，你只需要在簡報軟體中拉出拉出一條水平或垂直的直線，移動到你想要對齊的物件旁邊，就可以藉此去對對看，看這些物件是不是真的有對齊，這就好像我們在現實生活中直接拿尺來對一樣，插入直線就像是在簡報軟體中放一支尺，有了基準點要對齊就很簡單，你就不用耗費眼力在那邊看老半天，也不知道有沒有對齊。

而對齊要對到什麼程度呢？我認為有以下幾個原則要做到。

1. 每一行文字之間要對齊，例如：

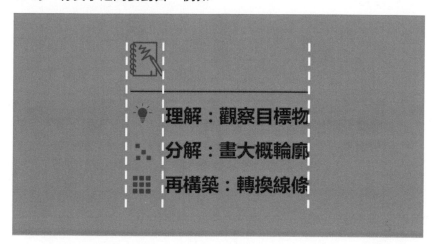

2. 文字跟圖邊緣要對齊，如果文字跟圖是左右排列，就要看看圖跟
文字的上下有沒有切齊，如果文字跟圖是上下排列，就要看圖跟
文字的左右有沒有切齊。例如：

3. 圖與圖之間也對齊，例如：

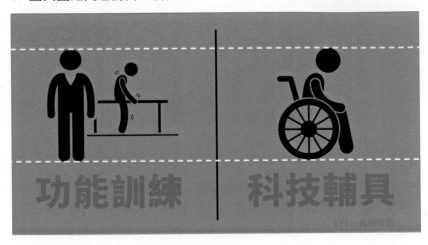

4. 圖、文字、線條之間都要對齊。例如：

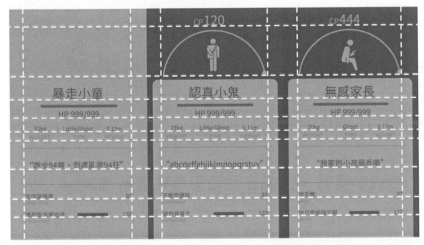

　　當你畫面上的元素越多，你就越要重視對齊的重要性，如果能把畫面的規矩創造好，那就算放入再多元素，觀眾看起來都會覺得簡潔不雜亂，如果你想讓版面整整齊齊，插入直線就是一個非常好用的方法。

技巧二：留白畫面

之前有個學員在做懶人圖解簡報時很用心，他有非常多的資料想要講，也想把版面做得很漂亮，因此找了非常多圖，但最後做出來的作品，卻是把所有的東西都儘量塞在一個頁面裡。因為他以為這樣才會讓觀眾覺得很豐富，也讓觀眾可以在短時間內理解到大量的資訊。想當然耳，最後的效果並不太好。

我們可以仔細想想，當我們看到太過雜亂或是塞太多東西的畫面，無論是廣告、書籍、或是投影片，我們第一個反應通常都是不想繼續看下去，而且現代人的注意力越來越低，如果不能一瞬間抓注意力，很容易就再也不看了。

為了避免這種情形，我們要做的事很簡單，就是幫畫面留白。

> **留白可以創造**負空間**，讓觀眾們的視覺上**不會有壓迫感**，並讓他們從資訊爆炸的窘境中脫離出來，獲得喘息。**

這就很像歐洲與日本庭院的差別，歐洲廳院通常都是百花齊放的大花園，一開始看的時候可能會覺得很新奇，但是很容易會視覺疲勞，因為它塞滿太多東西，讓你覺得感覺很強烈，但是無法忍受太久。而日本的庭院造景就讓人有截然不同的感覺，會讓人感到非常平靜，看再久都不會覺得厭煩，反而覺得很放鬆。

這是因為日本庭院很擅長利用留白的藝術，利用整齊地排列，大量的負空間，讓觀賞者視覺上、心靈上都獲休息。我們可以把這個原理應用在懶人圖解簡報的版面設計，而我很喜歡的簡報大師 Garr Reynolds 曾說過一句話：「好的設計必定會有留白之處」。

所以請記得懶人圖解簡報的版面一定要留白，接著我要跟你說如何做到留白。

如何留白？

留白其實分兩大部分，第一部分是內容的留白，第二部分是版面上的留白。

> **內容留白其實很簡單，記住這個要訣，就是一張簡報放一個重點就好。**

不要太貪心的想在一個版面裡面講完很多事情，要記得少即是多，如果把每張的重點減少到只剩一個，觀眾不會覺得很少，反而更加容易理解。

在版面留白的部分，請幫我記得：「上下左右都要留白」，這個關鍵的口訣。

我們直接來看看這些例子，下面是我製作的四張不同簡報：

你可以發現這些例子中，畫面的上下左右都有留空隙，這就是在創造負空間，讓整個版面看起來更加簡潔，且不會有壓迫感。這也可以應用在像下面這種圓框內放圖的版面：

145

很多人在製作這種類型的懶人圖解簡報時，會記得把上下左右留白，可是卻忘了框裡面也需要留白！

因此在呈現的時候，就會發現裡面的圖很貼近框，造成一種視覺壓迫感，看久會覺得不舒服。因此除了整個版面的上下左右要留白之外，如果版面中有圓框加圖形式的話，請記得框裡面也是需要留白的。

我這邊提供給你一個好用技法，那就是80%法則，圓框、簡報裡面的圖儘量不要超過框內面積的80%。

你不用很精準的去計算面積，只要大概抓一下，讓圖跟框之間有留白的空間即可，這樣就能讓版面看起來覺得舒服很多，我們看一下以下這個左右對比例子：

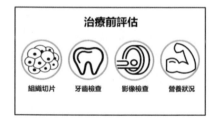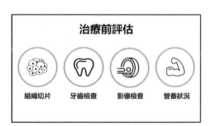

你看，相同的內容比較起來，有適當留白的是不是看起來更簡潔、更舒服呢？

總結一下，留白只要記住：「一張放一重點，上下左右留白。」

就能讓懶人圖解簡報的版面，如同日式庭院一樣讓人心曠神怡。

技巧三：色彩凸顯

排版的最後一個技巧，就是色彩搭配。

當你做好了對齊跟留白之後，整個版面應該是非常簡潔了，但是懶人圖解簡報除了簡潔之外，還要能吸睛，而要做到吸睛，除了圖像的運用之外，最重要的就是色彩的搭配。

色彩是一門很深奧的學問，牽扯許多面向，有著各種理論跟學派，我們今天不用講這麼多，我們只要專注在如何讓色彩發揮最大的功效就好！

首先，我們先來看看底下這張圖：

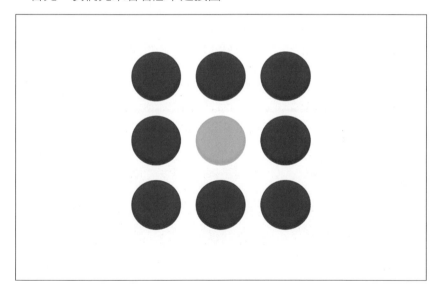

你覺得圖中重點是哪一個？很明顯重點就是中間那個圈圈，對不對？這就是色彩最大的功用，它可以很有效的為我們指出重點在哪裡，而且能很快的吸引觀眾的注意力。（你是不是一眼就望向有顏色的那個地方？）

如何挑選色彩？

　　知道色彩的重要性之後，許多人遇到的第一個難關，就是不知道怎麼挑選懶人圖解簡報的色彩。我提供給你以下三個靈感來源，幫助你快速想出好的顏色：

第一個是工作的顏色，你現在的工作有沒有什麼代表性的顏色，像是消防員是紅色，醫療人員是白色，郵差是綠色…等，想想看有什麼顏色跟你的專業有連結吧！

第二個來源是喜愛的顏色，如果沒有頭緒的話，你可以先從生活用品開始想起，比如說衣服、褲子…等，看哪些顏色最常出現，那大概就是你喜愛的顏色。

第三就是個性的顏色，你覺得自己的個性可以跟什麼顏色做連結？例如熱情，就是紅色黃色或者橘色；如果覺得自己是比較冷靜的人，那也許是藍色或者是黑色。

有了這三種靈感來源，發想顏色就不是難事了！

你可能會問：「顏色不是隨意決定就好嗎？為什麼要利用這三個靈感來源來發想呢？」這是因為發想顏色如果沒有意義，是用不久的。

很多人會去網路下載配色範本，或是其他人調出來的顏色，但是用到最後往往會覺得這好像不是自己的東西，也就用不久，又開始到處跪求配色。

因此我的建議是從這三個顏色靈感想出跟自己有連接感的顏色。這樣才用得久，讓你的懶人圖解簡報有自己的固定風格，也有助於個人品牌的建立。

在我們發想出一些基礎色彩後，實際上要怎麼用到懶人圖解簡報上面呢？

很簡單，我們只要以這些色彩當做基礎，就可以去專業的色彩網站尋找適用於我們懶人圖解簡報的顏色。

在這邊我提供給你一個我很愛用的網站叫做 _Nippon Colors_，這個網站提供了日本傳統配色的色彩編碼可以參考。

當你點進這個網站時，隨著點選不同的顏色，整個頁面就會跟著變色，方便你體驗這個色彩的感覺。而在畫面的中間，你可以看到三種色彩編碼：第一個是 RGB、第二個是 HEX、第三個是 CMYK。RGB 其實就是光的三原色，由紅藍綠所組成；HEX 就是把 RGB 轉換成 16 進位的編碼，通用在網頁設計相關的配色；最後一個 CMYK 是印刷墨水的顏色，統整來說，RGB 是用在螢幕顯示，HEX 用在網頁顯示，CMYK 用在印刷輸出。

我們的懶人圖解簡報大部分都是放在螢幕上，因此我們只要把 RBG 的色碼抄下來，再回到簡報軟體中輸入色碼，就可以得到我們想要的顏色了。

當選出顏色之後，其實還有一個地方需要注意，因為我看過有些人會選很鮮豔的顏色，藉此吸引目光，例如說螢光綠，雖然一開始很吸睛，但是因為飽和度跟亮度都太高了。所以到最後會讓人家覺得很刺眼，甚至覺得想吐。

懶人圖解簡報要避免這個狀況的話，就要做到色彩鮮豔而不刺眼。

根據我長久以來的心得，只要調整一些數值，就可以讓你的色彩鮮艷而不刺眼。如果你使用的是 Powerpoint，請把色彩的飽和度調成 230 以下，亮度請調成 138 以下。那如果你是使用 Keynote 製作，請把飽和度跟亮度都調整到 70% 以下。

調整過後，你就可以把原本的螢光綠變成湖水綠，就能做到鮮艷而不會刺眼。

如何搭配顏色？

在我們找出了自己想用的顏色，並且經過適當的調整之後，接下來要知道如何去配色。

> **其實配色的大原則就是只有一個，就是** *中性色＋強調色* 。

所謂的中性色，就是黑白灰，沒有太強的存在感，但卻能襯托其他顏色。

而強調色就是我們剛剛所選出來的那個主顏色，我的建議是強調色儘量不要超過兩個，就我個人而言，往往只用一種強調色而已！

因為這樣才不會讓觀眾觀看時模糊焦點，不知道重點在哪裡。

而中性色加強調色的做法，其實符合了格式塔完形心理學，能幫助

大腦快速辨別重點，我們人在看中性色或是大面積的相同顏色時，會自動把它視為是背景以節省腦力，而其中跟周圍不一樣的強調色會自動被大腦辨認成是重點，我們的注意力就會放在他上面，因此我們如果能好好利用色彩的搭配，就很容易做到標示重點並且吸睛的效果。

選定自己的主色

色彩除了可以幫助大家提示重點之外，還有另外一個好用的地方，就是建立個人品牌。

很多人會問我怎麼作出一個非常有個人特色的懶人圖解簡報？怎麼建立個人品牌印象？

其實個人品牌要深植人心，除了不斷產出好內容之外，從設計、圖像，到文字風格也都很重要，而其中最容易也是最快的方法，就是一直用同一種顏色。

我的心得是：*用色千遍，風格自現*。

當你選定了一個顏色之後，請你一直使用它，讓它不斷的曝光在觀眾的面前，自然而然他們就會把這個顏色跟你連接在一起，以後他們看到這種配色的作品，就會自動聯想說：「啊，我知道這是那個誰誰誰做的！」

像我自己就是最好的例子。因此個人風格除了在設計圖像或是內容上著手之外，持續的曝光，持續的累積作品也是非常重要的。

以上就是剛好夠用的排版三招。只要你能時常練習這三招，並且依照當中的理念跟訣竅來製作懶人圖解簡報的版面，我相信你的作品一定能非常的簡潔且吸睛，讓觀眾想看，而且看得懂。

在掌握了排版原則之後，下一個單元開始我們就要來跟你聊聊，要如何把內容文字轉換成扁平化圖像，快翻到下一篇吧！

4-3

善用扁平化圖像
取代照片詮釋的優點

曾經有人跟我說過：「很羨慕你們這種天生就會簡報的人，無論是把作品放在網路上，或是現場演講，都能獲得很大的迴響。」

我聽到這段話後，跟他分享了其實我不是天生就會簡報，如果看到大學時期的我，會發現我的情況就跟別人都差不多，要嘛是投影片的字放很多，要嘛是亂加圖進去，要嘛是去下載範本直接套用。上台時也會緊張到忘詞，簡報能力其實很差。

不過因為那時候是大學生，所以覺得也就算了，沒有特別在意這回事，報告有過就好，學分有拿到就好。後來出社會後，去念了研究所，才感受到上台簡報的時候，如果講不好還蠻丟臉的！而且大學的時候可能一學期報告一次，而研究所是每個禮拜都要上台一次，如果每個禮拜都上去丟臉，那不是很慘嗎？

因此我才開始研究簡報這門學問，一開始我也是跟大多數人一樣，先從「大圖流」入手，也就是簡報禪大師 Garr Reynolds 與簡報教母 Nancy Duarte 所擅長的，利用滿版出血的高畫質圖片，搭配精萃的關鍵字來做投影片呈現。

為什麼從大圖到扁平化圖示？為了快速理解

但是做到一定程度之後，我開始覺得有點膩了，一直在找有沒有其他風格，只是一時找不到。

過了一陣子，我旅行時突然發現：

> **無論是機場或是大眾運輸交通工具，甚至是一般的道路，雖然我不一定看得懂當地的語言，但只要看到告示牌上面的小圖，就能很快的理解要表示的意思是什麼。**

這給了我一個靈感：「那如果把這些小圖用在投影片當中，是不是可以讓觀眾快速理解我們要表達的意思呢？」

因此我就開始研究扁平化小圖應該如何用在簡報上面？扁平化設計當初很常用來做平面設計、網頁設計、或是使用者介面，例如 Apple、Google…等企業都導入扁平化風格，近幾年連精品的 logo 也都開始改成扁平化風格，例如 BALENCIAGA、Burberry、CELINE…等，但是用在簡報上面的人，當時在臺灣應該還沒有。

因此當我發展出一系列扁平化簡報的心法技法時，受到很大的迴響，無論是同事、同學、教授、甚至是醫院院長，都覺得這種風格非常的簡潔明瞭，這給了我很大的信心，於是就開始推廣扁平化簡報風格，進而發展出扁平化風格懶人圖解簡報，讓好知識能更加流通。

但是為什麼扁平化風格，會有讓人家瞬間就能理解的優勢呢？

我認為有以下三個優點，分別是吸睛、簡潔、秒懂，加上一個更有親切感。下面就讓我來一一為你講解。

比照片更吸睛的解釋

首先是吸睛，我們先來看一下底下這張圖：

有章魚啊天啊好大一隻啊但是這真的是章魚嗎其實章魚烏賊小管中卷小卷魷魚我老是分不清楚呢我只聽過深海大赤魷沒聽過深海大章魚啊這到底是哪裡冒出來的而且從深海一下跑到海面不是應該會壓力不平衡而掛掉嗎怎麼這隻還活蹦亂跳地而且還把我抓起來了啊啊啊但這章魚腳好有活力如果拿來做章魚醋一定超好吃講到這裡都餓了ㄟ章魚哥你行行好把我放了我突然好想吃日本料理啊還是我們要一起去呢好嗎？

請問第一眼你會先看到哪一邊？我相信大部分的人都會先看到圖的那邊，接著才會再來看文字。但是這不符合一般視覺動線，一般人看東西都是從左看到右，但為什麼這張圖你會先看到右邊的圖像，再看回左邊的文字呢？

這是因為我們大腦非常容易被圖像所吸引，就如同 Dan Roam 在他的著作《簡報 Show and Tell》當中所提到的，大腦很擅長處理圖像，根據統計，大腦的活動當中視覺處理大概就占了 1/3 到 1/2，因此人類很喜歡看圖像。

你可以想想在日常生活中是否都會先注意到圖像？所以在這個資訊爆炸年代，不管身處社群媒體或是日常生活中，隨處可見都是五花八門的圖像，為的就是吸引你的注意力。

> 但是，看太多圖像或影像，其實會讓人疲乏，這時
> 候扁平化這種簡單、不用花費太多腦力的獨特風格，
> 就容易受到觀眾的青睞，並能吸引他們的注意力。

　　因此，如果你能將扁平化圖像好好運用在懶人圖解簡報當中，就能
利用它的優勢來抓住觀眾注意力，讓他們想要看你的懶人圖解簡報。

資訊更簡潔的解釋

　　再來是簡潔，剛剛我們聊到了大腦容易被圖像吸引，所以許多人會
去下載高畫質的圖片來製作簡報。但是我發現使用圖片可能會發生一
個問題，那就是圖片內含的資訊量太多了，我們來看到以下這個例子：

如果我今天只是要講跟騎腳踏車有關的內容，比如說騎車可以促進健康，或者說騎車可以去的景點與路線，我就放了一張圖片，由於圖片中有很多資訊，所以導致觀看的觀眾可能被這些資訊給吸走注意力，導致分心，反而沒有理解我原本要講的東西是什麼。

　　觀眾看到照片，可能會想這個人騎的是什麼車？他是哪裡人？身上的車衣是哪家的？有沒有贊助商的名字？背後那台汽車什麼牌的…等等。這些資訊都可能導致觀眾沒有辦法專心。

　　除此之外，如果使用的是「人」的圖片，就有可能發生以下問題，第一個問題是如果圖片中的人跟觀眾是不同人種，可能就會產生疏離感。第二個問題是圖片中有人臉，因為人的臉會傳達很多種情緒，而且人很喜歡去看臉上的表情，所以必須確定圖片傳達的情緒跟整份簡報要傳達的情緒相同，否則可能會造成觀眾分心，並阻礙理解。

　　除此之外，適用於簡報的圖片不一定很好找，除了要能跟你的簡報內容相符，更要有空間可以容納簡報內容文字，所以在製作上會耗費許多時間。

　　如果想要避免這些困境，扁平化就是一個很好的選擇。我們來看我剛剛所講的例子，如果把腳踏車騎士的圖片轉換成扁平化圖示，是不是就簡單明瞭許多？

　　無論是當場演講或是在放在網路上，都可以如實地傳達你所要傳達的東西，不會有過多的資訊讓觀眾分心。如果加上不一樣的圖示，就可以表現出不一樣的場景，比如要說騎腳踏車可以促進健康，就可以在周圍加上相關的健康圖示。

整個畫面看起來就很簡單乾淨，又能沒有雜訊的傳達出你所要傳達的內容。

不需語言就能秒懂的解釋

　　接下來是秒懂，這是我在國外旅行的時候領悟最深的一項優勢，記得我去杜拜的時候曾經看到一個牌子，底下就寫了一行字：

واي فاي

　　我看不懂阿拉伯文字，所以不知道上面寫什麼，可是那牌子附近聚集不少人，這讓我很納悶，於是我就在周圍繞啊繞，才發現那個牌子背面有這個扁平化圖示：

واي فاي

你是不是也馬上就知道這是什麼？因為我當時也是一看就懂，這不就是出外旅行最重要的 wifi 嗎！

這讓我領悟扁平化圖示的最大魅力，也就是有跨語言的優勢。因此在任何地方，告示牌上面都一定會有扁平化圖示，這是因為你不一定要懂當地的語言，你也不一定要懂英語，你光是看圖示所呈現出來的意思，你大概就能理解它要傳達的內容是什麼。當你將這個優勢應用在懶人圖解簡報當中時：

> **跟內容相互輝映的扁平化圖示就可以幫助觀眾，讓他們更快速理解你的懶人圖解簡報在說些什麼。**

讓觀眾代入的親切感

除了以上三大基本優勢之外，扁平化還有另外一個優點，首先我們先來看這張圖：

請問你覺得上面這圖長得像什麼？雖然你可能知道那是插座，但他的樣子是不是覺得很像是人臉？

我們再看到下一張圖：

你覺得它看起來像什麼？是不是覺得是一個笑臉？

你有沒有想過為什麼不會把它看成是：「單純的一個圓、兩個點、一條曲線」？

我很喜歡的一位漫畫大師：Scott McCloud，在他的著作《Understanding Comics》當中提到一個理論，我們在看別人的時候，會記得他臉上或身上的各種特徵，例如眉毛長怎樣、有沒有鬍子、眼睛大不大、髮型、鼻子挺不挺…等，我們都會把他辨識清楚，因為這是我們用來辨認人的方式，但是如果閉起眼睛並試著微笑一下，接著想一下自己微笑的樣子長什麼樣子，你會發現其實我們腦海中對自己的樣貌不會有太深刻的記憶，大多只能從肌肉的牽動來感受到自己正在微笑，但是沒有一個清晰的圖像，腦中對於自己微笑的想像大概就是剛剛那張笑臉圖。

這衍伸出一個現象，就是：

當我們如果看到細節很明確、刻畫很仔細的東西時，會認定那是「自身以外的東西」，但是遇到不那麼精緻的東西時，我們會覺得很親切，並想像那是我們自己。

最常見的例子就是很多的卡通人物或吉祥物，如果你仔細看他們的五官，其實都沒有畫得太仔細或擬真，但是很多人都會覺得說這個東西好像自己。

因為這些創作者就是運用這個手法，希望觀眾都把自己投射到這些角色當中，這樣對這些角色就會有親切感或熟悉感，會覺得跟他是一體的，卡通人物所發生的事情就好像是在講自己的故事，就會更喜愛這個人物。

所以你可以看到很多動畫電影的背景或物品都畫的很精緻，甚至能以假亂真，長得像照片一樣，但是主人翁的臉往往都是用簡單的線條勾勒出來，不會畫的太細緻：

> **這就是為了讓觀眾們把自己**代入主角當中**，來產生歸屬感、親切感。**

　　我們也可以把這個現象，應用在懶人圖解簡報當中，因為扁平化圖像也都是用簡單的線條跟輪廓組成的，如果我們利用扁平化圖像來製作懶人圖解簡報，就有很大的機會讓觀眾把自己代入這個情境當中，讓他們覺得感同身受，這樣就能讓懶人圖解簡報更加的精準有力！

　　以上就是我認為扁平化圖像的三加一個優勢！

難道不能用高畫質照片圖庫嗎？缺點是什麼？

　　你可能會問說難道真的不能用高畫質圖片嗎？像是網路上的那些免費圖庫？

　　其實是可以的，只是像前面提到的，你可能會花非常多的時間去找相對應的圖來跟文字搭配，而且你會發現大多數的圖片當中，能發揮的空間其實很少，除非你可以每一張圖片有留白的空間可以寫文字，不然在製作上有一定的難度，很可能會在找圖上面花很多功夫，但又做不到你想要的效果。

　　除此之外還有一個風險，那就是簡報風格的一致性。除非你找到的圖都是同一個攝影師或設計師的創作，不然每一張圖片的風格、光線、佈局、場景等等，都有可能不一樣，這可能會導致你的懶人圖解

簡報的每一張看起來都不太一樣，這就是雜訊的一種，可能會干擾觀眾吸收和理解。

另外一個情境是想要在一頁當中呈現許多不一樣的東西，像這個是我過去一個學員的例子：

 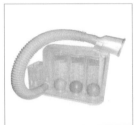 

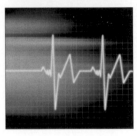  

他的目的是說明產品功能，這個例子如果直接用圖片呈現，就變成上面這個樣子，你會發現說圖片雖然都蠻符合原本的文字意象，可是因為每張風格都不一樣，看起來整個畫面就有點雜亂。

這時候，如果我們改用扁平化圖像的話：

HRV檢測

呼吸訓練

步數運動

即時心跳

社群PK

睡眠品質

臨床佐證

時鐘鬧鐘

你會發現整個看起來一致性很高，而且非常簡潔，一看就秒懂。

這就是扁平化圖像在呈現上很大的優點，就是一致性很高！

而且我認為扁平化最棒的就是能「建構你自己的世界」，你可以將腦中的畫面利用各種符合意象的扁平化圖像組合出來，不用受限於照片的場景或風格等元素。

而且在扁平化圖像網站中的作者，往往會設計風格一致的各種圖像，所以有很大的機率在同一個作者的作品中就可以找到所有要用的扁平化圖像，這樣製作出來的懶人圖解簡報的一致性就會很高，不但可以讓讀者加速理解，更會讓讀者覺得你細節都處理的很好，藉由月暈效應的影響，無形中就提高了他對這份懶人圖解簡報的信任感。

扁平化圖像更能脫穎而出

　　總結來說，現代人的專注力很低，又因為大腦容易被圖片吸引，所以各家品牌與媒體都無所不用其極的用圖片來搶佔注意力，但是在繁雜的世界中，具有極簡風格的扁平化圖像其實更能脫穎而出。

請記得以下 3+1 個優勢：

吸睛
瞬間抓住觀眾的注意力

簡潔
**用簡單卻不簡陋的圖，如實呈現想
表達的內容**

秒懂
**不用文字就能跨越語言限制，傳達
你想要傳達的意思**

親切感
**利用簡單的圖像，讓人很容易進入
懶人圖解簡報的情境當中**

最重要的是因為扁平化圖像的可塑性很高，所以你可以隨心所欲地建構出你自己的世界，能輕易把腦中所想的畫面，直接做成懶人圖解簡報。

　　瞭解了扁平化的優點之後，下一個章節我們就要來聊聊，如何將我們的觀點與懶人圖解簡報內容，透過簡單的方式轉換成扁平化圖像，讓我們繼續前進吧！

4-4

把觀點轉化成圖像的操作說明書

　　隨著扁平化風格的流行，有越來越多人知道扁平化風格的好處，也想把它運用在自己的簡報當中，但是大家在製作時都遇到一個難題，就是不知道要怎麼把內容轉換成扁平化圖像。

　　因此這單元我想跟你分享研究扁平化設計風格的心得，我發展出一套「發想扁平化圖像」的流程，能有效的幫你把文字內容轉換成扁平化圖像。

　　首先，先給你個任務，假如我今天要你馬上做出一整份扁平化簡報，你覺得你能馬上做出來嗎？我想大概很難吧！因為你會發現自己沒有方向，而且不知道該怎麼去轉換。

你需要的扁平化圖像思考說明書

　　那我再問你一個問題，有一家瑞典的企業，他配色是藍色與黃色，特色是有非常多的居家用品與傢俱，而且在實體店面可以讓你隨時去體驗傢俱跟擺設，那請問這是什麼公司呢？相信很多人都猜出來了，那就是 IKEA，宜家家居！

零件　　　　組裝　　　　家具

IKEA 的特色，就是傢俱都是要你 DIY 親手組裝，所以帶回家的貨品通常都是散裝的零件，只附上一張說明書讓你自己組裝。

現在問題來了，假設你今天發現組裝說明書不見了，那你在 DIY 傢俱的過程會發生什麼事情？

我想是會耗費很多時間跟腦力，因為沒有說明書的指引，看著這些散亂的零件，要理出頭緒是有難度的，很有可能組不起來，因為你根本沒有一個明確方向啊！

發想扁平化圖像也是這個原理，懶人圖解簡報的原始內容就很像散落的傢俱零件，如果沒有一份明確的說明書，那轉換成扁平化圖像的過程就會充滿了艱辛跟挑戰，花費很多的時間跟腦力還不一定做得出來。

這其實是很常見的通病，很多人不管是在做一般簡報還是懶人圖解簡報時，往往先把電腦開起來，然後打開簡報軟體，接下來就是無止境的沉默，你看著電腦，電腦看著你，看到電腦都害羞了，簡報還是做不出來，怎麼辦？

我的建議是無論你要做哪種簡報，都先不要打開電腦，簡報大師 Garr Reynolds 說過一段話：「做任何簡報之前，請先從寫重點跟手繪開始」。

我想跟你分享一個我的心法：「紙筆拿起來，創意就出來」，其實透過紙筆隨意書寫，可以讓創意大迸發，所以在發想扁平化圖像之前，請你先準備紙筆，讓你的創意帶領你吧！

接下來，我要跟你分享扁平化思考套路，也就是把觀點轉化成圖像的說明書，總共只有三個步驟，分別是理解、分解、再構築，詳細說明如下。

理解：找出可以轉化圖像的關鍵字句

以前有個學員跟我說，他認為要把內容轉換成扁平化圖像是一件很困難的事，因為他覺得要把每個字都轉化成圖的工程太浩大，所以才一直遲遲無法進行。

我聽了很驚呀，我心想如果真的把每一個字都轉換成一個相對應的扁平化圖像的話，那一份懶人圖解簡報應該會有上千張吧？

我才發現很多人都有這種想法，他們認為說一定要把每個字，或是每一段話都轉換成扁平化圖像，這樣才是一份好的扁平化風格簡報，但其實事實上不是這個樣子的！你想想，如果每一個字都轉換成扁平化圖像的話，整個畫面看起來不就很像那種史前時代的洞窟壁畫嗎？而且這樣的資訊量未免太大了，觀眾受不了的！

在資訊爆炸的年代，我們要為觀眾著想，不應該再讓觀眾接收過多資訊，諾貝爾獎得主李遠哲博士也曾經說過，他能得到諾貝爾獎最核心的概念只有一個，那就是提高訊噪比。什麼是訊噪比？就是資訊與雜訊的比值，訊噪比越高，代表越清晰；越低就代表你這個東西充滿了雜訊。

所以我們要做的事情很簡單，就是降低雜訊，如果你圖放太多、字放太多都是雜訊的一種。有些人就會問我：「難道要把我辛苦想出來的內容都刪掉嗎？」

其實不是，雖然說我們生活在資訊爆炸的年代，但請記得是資訊永遠不會超載，只是沒有過濾：

發想扁平化圖像的第一步，要做的就是過濾資訊。什麼叫過濾資訊？就是找出重點。

例如你看一篇文章，難道每個字都會是重點嗎？不一定吧！我們如果細細看過，就會知道哪邊是這邊文章最重要的地方。

因此所謂的理解，其實就是請你審視一次你的原始內容，想想你這一段的內容裡面什麼是最重要的，把當中的關鍵字給抓出來。

簡而言之。扁平化三步驟第一步：理解，就是要抓出關鍵字。當你把關鍵字抓出來之後，再針對關鍵字去尋找相對應的扁平化圖像，就會非常簡單。

舉個我在研究所做的第一份扁平化簡報來當例子，當時我要報告一份國外學者的研究，要跟大家説明實驗流程，當你看到原文的時候，他會是長這個樣子：

Methods

Participants
Twenty students in the Department of Physical Education were in enrolled in this study. All participants were free of high-blood pressure, asthma, and congenital heart diseases. Before the study, all participants were informed of the objectives, procedures, and possible risks of the study. The participants were given instructions and completed a basic information form and a health status survey form. Informed consent was obtained from all participants.

Procedures
The task of the participants was to perform a bicycle exercise task on a stationary bike with the goal of "biking as hard as possible" in 12 minutes. Participants engaged in bicycle exercise under four different conditions: the control condition (subjects wore eye patches and ear plugs to block external stimulation and interference), the music intervention condition (subjects used an mp3 player to listen to music but wore eye patches to block visual stimulation), the video intervention condition (subjects watched videos but wore ear plugs to block auditory stimulation), and the music-video intervention condition (subjects listened to music and watched videos). The music samples were selected from the top 30 Chinese songs on the KKBOX music ranking lists. The videos used were the music videos for the selected songs.

Each participant participated in one session per day, and the interval between each session was more than 24 hours. After the participants had put on a Polar heart rate (HR) monitor watch and the other necessary equipment had been set up, the participant began bicycling. The experimenter timed the participant for 12 minutes using a stopwatch. The duration of exercise, distance covered, HR, and RPE were recorded. The RPE is a scale that goes from 1-10 and was used to evaluate perceived exercise fatigue; a higher RPE value represents that participants perceived higher exertion.

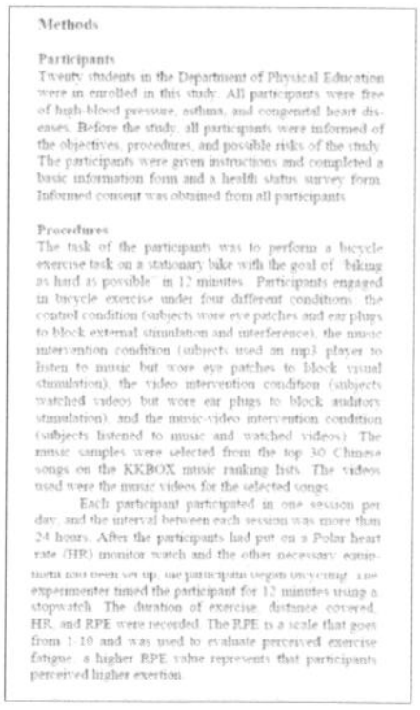

可以看到大多是密密麻麻的英文字，但是全部都是重點嗎？不一定，我們只要把它當中的關鍵字抓出來就好了。

當我把關鍵字抓出來之後，這一大篇英文裡面其實就只有這幾個關鍵字而已。知道關鍵字之後，我就可以發想出相對應的扁平化圖像，並且組合成投影片，跟觀眾說明這個實驗到底是怎麼進行的，而我做出來的成品長這個樣子：

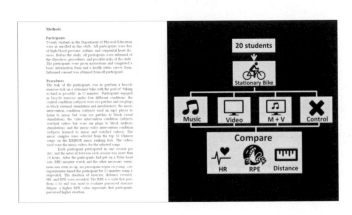

這張投影片搭配的解釋是這樣的，有 20 位學生被找來騎固定式腳踏車，分別在四種狀況下騎，第一個是邊聽音樂邊騎；第二個是邊看影片邊騎；第三個是聽音樂又看影片，還一邊騎；最後一個是什麼都不聽什麼都不看，就只有騎腳踏車。

這個實驗中會測量三個數據，第一是心跳、第二是自覺用力係數、第三是所騎的總距離。

原本密密麻麻的英文，只要像這樣把關鍵字抓出來，搭配扁平化圖像，你就能很快跟觀眾講解，讓觀眾秒懂。

那我們要怎麼應用在懶人同學簡報當中呢？很簡單，只要把懶人圖解簡報內容的每一段重點抓出來，並且將重點裡面最重要那一句話標

出來，這一句裡面最重要的關鍵字又是什麼，也請找出來。

找出來之後你就可以利用這句話**去設計你懶人圖解簡報的**畫面**，更可以從**關鍵字**去發想畫面中最重要的那一個**扁平化圖示**。**

這樣製作就很快了，接下來我們要進行到第二步：分解。

分解：任何人都能手繪出你的草圖

還記得我們前面提到的 Garr Reynolds 所說的：「先從寫重點跟手繪開始。」

在我們完成理解，也就是抓出關鍵字時，就已經完成了寫重點這一步，接下來我們要進行的就是手繪，這可以讓我們更有方向的去發想扁平化圖像。

以我先前所舉的例子來說，我把研究所報告的關鍵字抓出來之後，就把每一個關鍵字都畫出相對應的圖像，藉由手繪的過程，你能更釐清你想要呈現的畫面是長什麼樣子，也能促進思考。

可是每當我跟學員說：「我們現在就要來畫出我們的草稿圖囉！」大家都會面有難色看著我，而且說：「老師，可是我不會畫圖啊！」

很多人聽到要畫圖都像看到妖魔鬼怪一樣，非常害怕與抗拒，但是每一個人都有一項天生的技能，那就是畫畫！

	每個人	人類	
	武力:99	智力:99	敏捷:99
	天生技能	畫畫	

　　還記得我們小時候總是會亂塗鴉嘛，不管是在課本上，或是拿張紙，甚至是家裡的牆壁，那時我們都可以隨心所欲的畫出我們想要的東西，只是長大之後隨著社會化，又因為在意別人的眼光，我們都忘了自己擁有這項技能！

　　今天我就要喚回你對畫畫的記憶！首先先拿出一張白紙，接著在白紙上面隨意的畫條曲線，接下來請你看著這條曲線，把這條曲線畫成一隻動物，任何動物都可以，不限筆畫，你愛怎麼畫就怎麼畫（不過蛇、蚯蚓啊這種沒挑戰性的就別畫了吧！）畫出來之後：

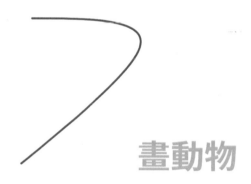

畫動物

　　請你拿著你的大作去問問看其他人，看別人看不看得出來你畫的是什麼東西。如果你真的親身去實驗，你會發現大部分的人都猜得出來你在畫什麼，是不是很神奇！

再來我們看一下以下這三張圖，你能跟我說這三張圖分別代表什麼東西嗎？

這些圖像分別是○○○、○○○、○○○，相信你看就看出來了吧？

讓我們思考一下，你有沒有發現這些圖都是只有用最簡單的線條，就勾勒出世界名畫的樣子，而你也在看到的瞬間就能馬上辨識出來。

這是因為只要有輪廓加特徵**，就能讓人秒懂。**

因此聽到要畫圖，你也不用太擔心，因為很多人聽到畫圖都會想到是不是要畫出像世界名畫一樣的藝術品？其實是不用的，我們只要畫出輪廓跟特徵，就可以很好地表達出我們要表達的東西。

而這就就是扁平化的核心概念，扁平化就是要把那些裝飾性的東西、複雜性的東西通通去掉，只要如實展現事物的本質就可以，所以我們在畫扁平化圖像時，不用擁有很厲害的經驗或是藝術家的技巧，你只要把你腦中所想到的物品，以簡單的輪廓跟特徵畫出來就好了。

當你畫出來時你會發現這跟扁平化圖像已經相差不遠，而你所畫出來的圖，就是製作扁平化圖像的說明書，所以請不用擔心要畫的很美輪美奐，只要把輪廓跟特徵描繪出來就可以嘍！

再構築：如何找到符合概念的圖像

接下來我們要把剛剛畫出來的手稿，實際的變成扁平化圖像。

> **這有兩種做法，第一種是自己製作，第二種是上網找圖庫。**

在自己製作的部分，如果你有一定程度的設計功力，你可以用專業設計軟體拉出自己想要的圖像，或是你可以去找專業的設計師配合，設計一套你專屬的扁平化圖像，但如果你沒有設計背景與經驗，也不想破費找設計師，想完全自己做，其實只要用簡報軟體當中的插入圖案功能，利用各種幾何圖形就能組合出你想要的圖案，不過這就屬於比較進階的內容。

但不用擔心，除了自己做之外，我們可以上網找扁平化圖示來使用，這也是我最常製作的方式，因為在這個快速迭代的時代，直接借用別人的專長，是比較快的！

我們不用自己很會設計，只要去相關的網路平臺去尋找世界各地設計師的優美作品，拿來組成我們的懶人圖解簡報就可以了！至於要去哪裡找，我推薦兩個網站，第一個是「Noun Project」、第二個是「Human pictogram」，這兩個網站都是我最常用的。

> **Noun Project 是我從最開始在研究扁平化設計的時候發現的網站，也一直用到現在，網站上有全世界各地的作者不斷上傳自己設計的圖像，因此各種圖幾乎這邊都找得到，並且一直更新。**

> *Human pictogram* **主要是人的各種形態的圖示，特色是有很多稀奇古怪的圖，例如：飛踢、死鬥、槍戰、搶婚…等，因此如果你做的主題會有比較特別的情境，我建議可以來這邊找。**

　　不過，找圖雖然聽起來比自己做要簡單許多，但很多學員會反應過他們會遇到兩個難題，第一是選擇太多，太多圖了卻不知道要下載哪一個，但選擇太多其實好處理，因為你只要去對照你的懶人圖解簡報內容，想一下想放上什麼風格的圖，再從中去挑選就好一個你最喜歡的，或是最符合你的內容與風格的圖就解決了。

　　但是另外一個難關就比較麻煩，那就是沒有選擇。會發生沒有選擇的狀況，是因為想轉換的關鍵字或是想要營造的情境，是比較屬於虛無縹緲的形容詞，而不是一個具體的事物，所以在搜尋圖像上就會比較困難。

　　例如危險，你可以想想看關於危險，你會想像出哪些圖像？應該想出來的都是骷髏頭，或是三角形裡面有個驚嘆號吧？像這類的形容詞就很難直接去搜尋到想要的扁平化圖示，但請你放心，讓我跟你分享一個秘訣，就是「問問題」，用下面的口訣來問問題。

請記住發想口訣：

 人事時地物 **輕鬆想萬物**

人　　　事　　　時　　　地　　　物

以剛剛的危險來當例子，請你問自己這五個問題：什麼人是危險的？什麼事情很危險？什麼時候很危險？什麼地方很危險？什麼物品讓人感到危險？

　　答案不用多，每一個問題只要有兩個答案，瞬間你就有十個素材可以找，就擺脫了剛剛所說的骷髏頭，或是三角形裡面有個驚嘆號這種比較一般的圖像，讓你的懶人圖解簡報更有特色。

　　完成了這一步，我們就已經把懶人圖解簡報內容轉換成扁平化圖像了，懶人圖解簡報也就離完成更近一步。

發想扁平化圖像三步驟

最後讓我統整一下。扁平化發想流程有三個步驟，分別是理解、分解、再構築。

> **理解就是請審視懶人圖解簡報內容，找出每一個段落裡面最重要的句子，以及當中的關鍵字。**

> **接著分解，把關鍵字用手畫出相對應的圖像。**

> **最後進行再構築，就是把畫出來的手稿當指引，到網路上去找圖，或是自己做圖。**

其實理解、分解、再構築就是煉金術的三個步驟，我認為把文字轉換成扁平化圖像的過程，其實就很像煉金術，本質不變，但改變了外在的呈現方式，讓它更吸引人。

在我們做到了把文字內容轉化成圖像之後，下個單元我們要來聊聊怎麼樣把懶人圖解簡報的每段內容拆分，轉換成一張張的手稿，來實際製作成有圖有文的懶人圖解簡報！

4-5

組合懶人圖解簡報的操作說明書

　　某次的懶人包工作坊，有位學員跟我分享她的經驗，她說來上課之前在網路上看到許多懶人包效果很好，就覺得很有興趣，又剛好有想講的主題，於是興沖沖的把電腦開起來想做一份懶人包，卻看著螢幕不知道怎麼開始，想去臉書看看其他人的作品找靈感，結果一個晚上下來別人的貼文看了不少，自己的東西卻做不出來。

　　其實這種情形很常見，許多人在製作懶人圖解簡報時，往往開了電腦就分心，最後什麼都沒做出來，該怎麼辦？

　　相信看過前面的章節之後，你已經知道答案了，發想懶人圖解簡報時，只要用紙筆就能很有效地寫出內容、架構、群眾樣貌…等文字內容。但是在完成文稿之後請別急著打開電腦，因為你看著滿滿的文字內容，會不知道從何開始，這時電腦跟網路很有可能讓你分心，讓你陷入剛剛所說的窘境當中！

　　為了增進製作效率，我們要製作一份另外一份說明書，就如同組裝DIY 傢具一樣，照著說明書就能很快產出一張一張的懶人圖解簡報，高效又不分心！前面的發想階段可以這樣做，這邊要真正開始組合成簡報版面，當然也可以這樣做。

　　只要完成以下三個步驟，就可以做出一份懶人圖解簡報的組合說明書囉！快一起來看看！

拆分畫面

拆分：**許多人製作懶人圖解簡報時，會把做投影片的習慣帶進來，也就是把畫面做得非常簡潔簡單，例如一張圖配上簡短的關鍵字，看起來雖然很清新簡潔…**

但是懶人圖解簡報是屬於「沒有人講解的簡報」，因為沒有人講解，太過精簡的文字會導致觀眾無法理解內容，因此適當的文字說明是必要的！

一張懶人圖解簡報頁面只講一個重點

 每一頁的文字內容控制在 60 個字以下

90 若有很多內容，記得極限就是 90 個字

因為再多的內容，就會影響觀眾的閱讀舒適度，將內容拆分好之後就能進行下一步：畫手稿。

畫手稿分鏡

導演發想電影內容時，不會叫演員直接上陣，而是會先製作分鏡稿，把場景在紙上畫出來，並寫上臺詞與描述，不但能幫助發想，還能快速檢視每個場景。

拆分　　　　　手繪　　　　　製作

懶人圖解簡報也是如此，拆分好重點之後，就能繪製分鏡稿增進製作效率。畫分鏡稿並不是要你像藝術家一樣畫出整幅畫，只要依照重點想像畫面、畫成手稿就可以。

我的建議是一開始可以畫出單一圖像就好了，例如挑出文字內容中最重要的關鍵字，再把關鍵字畫出相對的圖像就好

單一圖像所呈現的懶人圖解簡報會像這樣：

明定財務管理機制

制定財產保管及運用方法，會計內部
控制及稽核制度

薪水低下：經過嚴謹訓練，領有國家證照的物理治療師，
照理說薪資應該有一定標準，但在某些地區聽到的薪資，
卻是越來越誇張的低，例如：

187

如果你對於單一圖像的手稿越來越有心得，或是本身繪畫功力有一定水平，可以嘗試把整段文字內容畫成場景，簡單來說就像插畫一樣把各個人物、情節、樣貌都畫出來，為觀眾創造畫面感，讓他們對內容有更深感受。這種作法的懶人圖解簡報呈現出來是這樣：

業績導向：因為健保體制，各醫療院所幾乎都在衝高病人量，所以復健科拼命塞滿電療病患，物理治療師的工作內容也變得非常畸形，舉例來說：

 or

此時若把這 8 張圖好好的 run 一遍，就可以檢視自己到底適不適合，還缺了哪些資源，做不做得到，讓你不會白費力氣。

如果你對於單一圖像的手稿越來越有心得，或是本身繪畫功力有一定水平，可以嘗試把整段文字內容畫成場景，簡單來說就像插畫一樣把各個人物、情節、樣貌都畫出來，為觀眾創造畫面感，讓他們對內容有更深感受。這種作法的懶人圖解簡報呈現出來是這樣：

懶人圖解簡報越有畫面感，越能吸引觀眾的注意力，但這考驗每個人的想像力與手繪力，並且會影響實際製作的難易度。

因此我建議並不用追求每一張懶人圖解簡報都要畫成場景，大部分的內容只要從「單一圖像」開始就好！

如果對某一段文字內容特別有感覺的話，再把它製作成場景，不但可以當作吸睛的焦點，也能避免觀眾視覺疲勞，是很棒的做法！當我們把手稿畫好之後，懶人圖解簡報的說明書就完成了，雖然現在就可以開始製作，但是我們還可以做一件事為懶人圖解簡報更加分，那就是「加連接頁」！

加連接頁緩衝

根據我的經驗，第一版懶人圖解簡報的內容通常比較硬，就是很平鋪直敘的一直講出重點，為了貼近觀眾，我們可以讓懶人圖解簡報更有溫度一點。

建議適時地加入對話、發言、段落頁…等圖解，讓觀眾閱讀時有時間可以喘口氣，不會一下接受太多知識，調整閱讀的節奏，更能有效吸收內容。

連接頁有以下做法：

作者發言：原本平鋪直敘的內容，可以先拆出一段話，做成作者本人
在跟觀眾說話的樣子，這能讓觀眾更有親切感，就像這樣：

在探討這個問題前，我們先來看看，
一名物理治療師是如何養成的：

記者採訪：在說明一個重點之前，可以先拋出問句，引發觀眾思考，
除了直接問問題之外，我們可以做成有人採訪你的場景，增加懶人圖
解簡報的獨特感，實際做起來會是這樣：

請問上台演講有哪些話不能說呢？

我認為有以下十點：

重點提醒：除了拋問句引發思考之外，我們還可以在講重點前停頓一下，先放一張重點提醒的段落頁，讓觀眾知道接下來會是重點內容，該提高注意力準備吸收囉！而重點提醒的做法很簡單，只要把該段內容的標題配上相對應的圖，做成一頁圖解即可：

當你完成拆分、畫手稿、加連接頁三個步驟之後，就擁有一份懶人圖解簡報的說明書，你會發現我們一直到最後才會需要用到電腦，這是為了降低我們分心的機會，利用紙筆書寫，能讓自己專心並且不斷激發靈感。

照著本書的流程走，大約 80% 的時間都是用紙筆規劃懶人圖解簡報內容，剩下的 20% 就是打開電腦下載相對應的扁平化圖像，把圖像跟文字排列成手稿所呈現的版面，並注意前面章節提到的排版技巧，就能很快的產出一張張的懶人圖解簡報囉！

4-6

如何大量創作懶人圖解簡報？三個方向

　　學會了懶人圖解簡報的發想與製作方法後，要做出一份傳播自身專業的懶人圖解簡報是非常簡單的。

　　但如果你想要做的是建立個人品牌，那麼這樣還不夠，必須要持續地產出許多的懶人圖解簡報，才能一點一滴地建立起專業形象，所以最難的不是製作，而是持續製作。而且經由不斷練習，你可以更加掌握懶人圖解簡報的發想流程，製作速度也會越來越快，因此我建議一定要大量創作！

　　但許多人面臨的困境是不知道除了專業之外，還能做什麼，甚至有時連自身專業都不一定可以做出那麼多份懶人圖解簡報，該怎麼辦？

　　請放心，只要有方向，大量創作並不難，依照我研究懶人圖解簡報的經驗，歸納出以下三個創作方向：專業分享、時事統整、個人抒發。

專業分享

　　專業分享是每個人最容易做出來的懶人圖解簡報，因為大多數人都在專業上累積了好幾年，所以會有許多主題可以做，因此在專業分享我們可以有兩種做法：

1. 入門指引

分享你的專業知識與經驗，讓剛進入這個領域的人快速理解建立知識，也建立你的名聲。最實在的作法是思考剛入門會遇到哪些問題，將這些問題列出來，並且提供解法。

2. 專業推廣

第二個作法是當作專業推廣，如果你想讓更多人知道這門專業、品牌或是產品，那做成懶人圖解簡報來擴散就是很棒的方法。

更進一步來說，無論是哪種做法，建議你要從大做到小。

無論你是哪種做法，我都建議你要從大做到小，這是什麼意思呢？

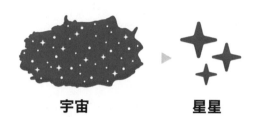

宇宙　　　　　　　星星

所謂**大小**，就是知識範圍的差異，**先做一份範圍大
的，概略介紹這門專業，例如相關定義、帶來的好處、
會出現在什麼地方⋯等，引起興趣並建立印象後，再
做幾份範圍小的，進一步告訴觀眾細項，讓他們更加
理解。**

　　例如有個語言治療師的粉絲專頁，就是這麼進行，一開始他們就先
製作範圍大的懶人圖解簡報，跟大家說語言治療師是什麼樣貌、平常
在做什麼事情、可以提供什麼服務，引起觀眾注意之後，再做好幾份
範圍小的，比如說各種服務的介紹。這種由大到小的做法，其實就是
先幫觀眾在腦海中創造一個形象，接著再精確的介紹，就能讓你想講
的東西留下深刻印象。

　　最後要注意的是，請避免陷入知識份子的傲慢，就是不管觀眾懂不
懂，就自顧自的講自己懂的東西。

　　專業主題的懶人圖解簡報最重要的是要創造連結感，站在觀眾的角
度去思考，想想看他們為什麼要看你的作品、可以從這份作品獲得什
麼好處，有連結感才能讓觀眾想看、想擴散。

時事統整

時事統整是目前在網路上最流行的懶人圖解簡報，每當有事件發生時，會有各種資訊與觀點大量的冒出來，而在求新求快的年代，如果可以在時事發生沒多久就做出一份懶人圖解簡報，迴響會很大，因為你滿足了觀眾們求新求快又想省時間的慾望。

有句話說：「天下武功，唯快不破」。

在懶人圖解簡報的領域也是如此，不過也要注意，快的往往會打敗慢的，但是經典的會打敗快的。

什麼叫做經典？經典的時事懶人圖解簡報不求在第一時間發表，反而會經過一段時間醞釀，收集這件事情的各方意見，接著再統整成擁有各方資訊的懶人圖解簡報，因此它的內容不會偏向任何一方，也不會只有一個觀點，這種懶人圖解簡報的目的就是讓觀眾看了能引發思考，對於時事不會只是看看就好，而是而有更深層的想法，這種做法能引起許多討論，也能有很棒的迴響。

看到這裡，你認為做快的比較好，還是做經典的比較好？

很多學員知道了這兩種的差別之後，都認為那當然是做經典的比較好，因為可以觸及更多不同的群眾。那你的想法是什麼呢？

但是我的建議比較不一樣，我的答案如下。

兩種都做啊！

時事發生時，我們可以先做一份快的懶人圖解簡報，不用做得太精緻太仔細，先求快就好，只需要快速的整理時事的相關資訊，例如什麼時候發生、影響到誰…等，目的在於讓更多人知道這件時事，並且知道你。

時事最少持續兩三天，我們可以在這段時間內持續收集各方意見及補充資料，統整好之後作出一份經典的**懶人圖解簡報**，就能再引起另一波討論。

這樣的流程可以把快的和經典的兩邊的紅利都拿到，持續的這樣製作、發表，大家就知道每當有事情發生的時候，就該來看你的懶人圖解簡報，**對個人品牌的建立非常有用！**

　　而專業分享跟時事統整如果結合，就能有大爆發的成果！因為時事發生時，大家的專注力都會在那上面，如果趁勢把專業懶人圖解簡報搭上時事的熱潮，不但能引起大量關注、獲得大量迴響，更能讓許多人馬上認識你這個人與你的專業。因此平時可以先把專業知識內容做成基本的懶人圖解簡報，時事發生的時候，再加上時事的部分，就能快速的發表，獲得很棒的成果。

個人抒發

個人抒發比較偏軟性主題，也就是跟人文、生活經驗有關，內容可以是聽演講的心得、書摘書評、或是學習一門課或是技術的心得。

除了心得之外，還可以做生活上的觀察，之前搭高鐵時，我覺得有很多沒公德心的乘客，所以我就記錄下來，並且結合寶可夢的概念做成了高鐵妖魔鬼怪圖鑑，獲得廣大的迴響，因為大家都遇過這些沒公德心的人，很有連結感。

因為這份圖鑑引發了很多討論，還衍生出了孩童搭車寶典，也就是帶小孩搭大眾運輸該怎麼辦的懶人圖解簡報。

因此無論是個人心得，或是生活上的觀察，最重要的就是有沒有在懶人圖解簡報裡放入你的獨特觀點，並且提供有用的資訊，這才是好的個人抒發主題，而不會淪為流水帳或是自嗨的作品。

最後我想分享我的觀察，許多人在做過時事的懶人圖解簡報後，由於嘗到了很快有迴響的甜頭，就會一直做時事懶人圖解簡報，但是我認為如果只是單純的統整時事，其實對你長遠的個人品牌建立來說，沒有什麼太大助益，除非你本來就是一個時事評論家，但是大部分的人都不是。

因此我的建議是不要做這種曇花一現的行為，反而應該要好好的搭建燈塔，讓觀眾們知道可以找誰，知道能從你這邊得到有用的、看得懂的知識，當觀眾茫茫的知識大海中想要尋找方向時，你就是他們的燈塔。

> **所以在三種類型的比重，我的建議是** 專業分享 **占五成，** 時事統整 **占三成，** 個人抒發 **占兩成。**

照這樣的比例製作各種類型的懶人圖解簡報，能讓你的個人品牌有專業、有熱潮、有人文，又全面又有血有肉，能觸及到更多的觀眾，如果你有心經營個人品牌，不妨試試！

PART 5

從無到有練習你的
第一份懶人圖解簡報

5-1

懶人圖解簡報製作流程

懶人圖解簡報製作流程可以濃縮成五大步驟：

 確認目標 ▶ 這包想達到十大目標哪幾個

 盤點資訊 ▶ 要做自己的哪個專長

 思考 TA ▶ TA 跟自身專業的連結

 決定內容 ▶ 寫下架構與精華內文

 圖文製作 ▶ 排版排得好，TA 都叫好

5-2

懶人圖解簡報操作步驟圖表

依照前述的製作流程，只要搭配以下圖表，就能輕鬆完成那五大步驟，創造吸睛簡潔的懶人圖解簡報。

十大社群目標統整表

 意見探尋：想知道朋友怎麼想

 知識權威：我懂這些，厲害吧

 熱情分享：○○喜歡這個，tag 他

 時事趨勢：這是最流行的話題

 真實社交：增加生活中的談資

 開啟對話：我們來討論這件事吧

 實用資訊：對我跟朋友都好實用

 自我揭露：這跟我的故事好像

 資訊先鋒：為大家提供最新事物

 社會公益：我們應該要伸出援手

個人資源盤點

....

....

....

....

....

....

....

....

....

....

....

....

ＴＡ剖析表

背景資料	害怕渴望	心中疑問
	焦慮	
	夢想	

SCAN 法則檢核表

主題		
	重點	內容
Situation 現況	點出問題	
Consequence 後果	打進心裡	
Aims 目標	提出觀點	
Need 解法	執行方案	

排版原則檢核表

技法	口訣	重點
對齊	對齊讓人舒服 歪斜使人痛苦	1. 從細節打造質感 2. 用直線幫助對齊 3. 創造畫面的規矩
留白	一張放一重點 上下左右留白	1. 一個畫面講一重點 2. 讓視覺有呼吸空間 3. 80% 法則
色彩	用色千遍 風格自現	1. 中性色：強調色，RGB 色碼 2. PPT：飽 230 亮 138 3. Keynote：皆 70%

懶人圖解
你還需要知道的事

圖解懶人包製作好了之後呢？

曾經有學員問我：「為什麼我認真做了一份懶人圖解簡報，卻沒有很大的迴響？」

於是我問他：「除了製作之外，你還有做哪些事情嗎？」他的答案是沒有做其他事，就只有上傳到臉書而已。我聽了之後不禁覺得：「哇，這也太佛系了吧！」

其實很多人都是這樣的佛系作者，把懶人圖解簡報做好之後，就期待觀眾自己來看，自己幫你擴散。但是懶人圖解簡報其實很像在種花，把種子種到土壤中，總是要再多做點什麼，例如澆水、施肥，才能讓種子順利的發芽、開花。

懶人圖解簡報也是這樣子，如果你想利用它來在網路上為個人品牌加分，除了製作之外，還需要再多做點什麼，才能發揮效果。

以下就是我們可以做的事情。

吸睛引言

懶人圖解簡報要放到網路時，請為它寫一段吸睛引言，吸引大家的目光，**讓觀眾能停下來看一看你的懶人圖解簡報。**

趨吉避凶

. . . .

請記得口訣：趨吉避凶，你可以利用重點、揭秘、秘訣、
地雷**…等詞語，因為人類本能是傾向規避危險以及獲取好
處，因此運用這些詞可以吸引觀眾，讓他們想看！**

. . . .

除此之外還可以利用問句**來寫引言，因為人看到問題時，
會不由自主地思考，當**觀眾**開始思考，懶人圖解簡報就發
揮效用了！**

. . . .

**除此之外，你可以 tag 相關的人事物，把跟主題相關的人
或是團體標記進去，能更有效地觸及更多觀眾，但要注意
的是**請別為了人氣而亂 tag**，會有反效果！**

勤勞回覆

懶人圖解簡報發表後，會有人來留言，也許是針對內容回應，或是有疑問要問，或是只是想跟你討論，請記得要回覆他們！

貼文都長草了…

有些人將懶人圖解簡報發表之後，就不理它，留言也不看不回覆，這是很可惜的！建議當有人留言的時候，請好好的回覆他，增加連結感。

| 對話 | 發言 | 段落 |

如果有人分享你的懶人圖解簡報，也請你去他頁面留言說聲謝謝，這樣的回覆除了能經營關係，還能激發更多討論，增加懶人圖解簡報的熱度，讓更多人來關注。

相關社團

懶人圖解簡報做好之後，除了放在自己的
粉專與頁面，還能發表在相關社團或是網
路論壇，觸及更多觀眾。

還記得懶人圖解簡報要鎖定特定觀眾嗎？相關的社團與
論壇，就是特定觀眾的聚集地，將懶人圖解簡報發表在裡
面，就能有更棒的觸及率，也就更有可能擴散了！

多元分享管道

　　以上這些做法都是為了提高在臉書上的互動，當懶人圖解簡報的互
動越多，臉書就會判斷你的這篇貼文是有價值的，就會讓它出現在更
多人的面前，觸及更多人。但是只把懶人圖解簡報放在臉書上是不夠
的！

我建議也可以放在自己的部落格上面，不管是各種平台提供的部落格，或是自已架的網站都可以，這樣能讓更多人可以在搜尋相關知識的時候，會看到你的作品。

　　你也許會問：「做到這些事情，就能有上千分享了嗎？」我只能説：「盡人事，聽天命」，網路的熱潮不是我們個人可以操縱的，我們只能盡量提高互動，盡量增加觸及管道，接下來就滿懷希望，並且等待吧！

　　總結來説，懶人圖解簡報並不是做完就好，要儘量讓它能有效曝光，如果是發表在臉書上，藉由引言與留言來提高互動，也記得要儘量放在各種管道，讓更多人能看到你的作品。

6-2

如何處理擴散後的爭議？

除了曝光的做法之外，有一點想請大家注意，就是爭議處理。首先我們先來打個預防針，人在江湖飄，哪有不挨刀？

有人攻擊你就代表你已經有一定的知名度，無論你發表什麼主題的懶人圖解簡報，都一定會有人跟你的意見相左，甚至有些比較無聊的人會開始攻擊你。

以我來說，之前因為就勞基法修正案的懶人圖解簡報引發各方論戰，甚至連立委都參戰，我記得當時有人留言說我是臺灣沉沒的元兇、社會崩潰的兇手，這讓我不得不佩服他們的創意。

說真的看到這些留言的時候，要說不會傷心或生氣都是騙人的，難免會受到影響，但我靜下心來思考時，發現我做這份懶人圖解簡報的目的達到了，那也就沒關係了。

因此當遇到爭議時，我想給的建議是：不要忘記你的初衷。

如果懶人圖解簡報有達到你當初製作跟發表的目的，那就圓滿了，再多的奇怪留言又算得了什麼呢？心靈平靜之後，我想給的第二建議就是如何處理這些留言，有個簡單的流程如下。

第一步：留言區分

請你先想想看留言內容到底是觀點還是事實。

這兩者差別在哪？我們來看個例子，假設現在有支鮮奶霜淇淋，有人說：「這是用鮮奶做的」，因為這支霜淇淋的成份的確是鮮奶，所以這就是普遍認知的事實；如果有人說：「我不喜歡這個東西！」，因為是個人喜好，這就是觀點。

討論事實　　VS　　討論觀點

觀點人人不同，而且跟信仰一樣很難改變，事實會越辯越明，但觀點通常很難討論出結果。如果你發現留言只是觀點的話，就讓它沉下去吧，直接忽略它就好。

第二步：戰場選擇

首先來個情境題：如果有人分享你的貼文，但是他分享的內容卻是在罵你，你會怎麼做？過去很多人跟我說，那就去他那邊罵他！雖然這會有出征的快感，但是我的建議還是讓它沉下去吧！

不要去回應，當作沒看到就好，就讓它缺少互動，在版面上自然消失。

被圍剿　　　　　　　　不理他

因為當你去留言時，可能你一留言，他的朋友就來圍剿你，
互動就會被提高，可能增加更多無聊人來湊熱鬧的機會，
那你何必浪費時間？因此就讓它沉下去就好了！

第三步：防禦措施

　　雖然我剛剛提到的對應方法，都是儘量讓爭議留言沉下去，但我們
只是避戰，但不畏戰，因此還是要做點防禦措施！

首先是不要刪留言，因為一刪就可能被
說心虛、偷改…等，有理說不清，請就
把留言放著不要理它，讓它沉吧。

除此之外，記得要截圖存證，我們不一定
要告他，但是留著總是會派上用場。

以上三步就是我覺得很好用，也不用花你太多時間的爭議處理方法，希望你不會用到，但遇到時，也不必害怕了！

　　當發生爭議時，請記得如果對方的留言是觀點就不要理它，分享出去罵你也不要理它，讓這些東西自然沉下去，但是請千萬不要刪留言，而且要截圖存證！懶人圖解簡報若能做好這幾項後續處理，就有機會大量傳播，觸及更多人，並且保護自己！

6-3

我的懶人圖解簡報哲學

很多人都問過我：「怎麼會想要做懶人圖解簡報？」

我想了想，這段旅程應該是從大學開始的。

大學時期，我發現一個很奇怪的現象，教授們很努力備課，上課也很賣力，但是台下學生們卻常常睡成一片，環顧教室通常只會有幾個人醒著，這不是因為他們特別認真，而是因為剛好輪到他們做課堂筆記共筆。

當時我覺得很奇怪，我們花了很多學費，也花了多時間，卻坐在教室裡面睡覺不聽老師上課，反而下課後花更多的時間讀共筆，把上課內容補齊。

慢慢地，我才發現是因為老師講課的方法讓人不易吸收。但我那時也不以為意，只想說上台教課哪有什麼難的！直到有一天，輪到我上台報告，我才發現上台講話真的很難啊！因為當你站在臺上的時候，會看到台下觀眾的神情，如果講得不好，台下觀眾不是發呆就是睡覺，連自己組員都沒有在聽你報告，那種感覺非常非常差！但是當時報告完就算了，只要成績有過就好。

但是當我出了社會又念了研究所，就有了許多上台的機會，例如會議報告、研究所報告…等，當時幾乎每個禮拜都要上台簡報，我才覺得如果每次上台都表現很差，那不是很丟臉嗎？

我看過魯迅的一段話：「生命是以時間為單位的，浪費別人的時間等於謀財害命，浪費自己的時間就等於慢性自殺。」

我認為簡報報不好就是浪費彼此時間，是一種害人害己的事情。為了避免害人與害怕丟臉，我開始研究簡報，當研究出有點成果時，上台簡報也獲得好評，並且慢慢的影響同事們、同學們，甚至影響了教授、院長，改變了大家的簡報方式。

這時我才發現原來好的簡報應該要能影響別人、引發改變。

這也讓我想起大學時期的經驗，教授們的知識都很淵博，可惜就差在簡報的方法，我不禁有個想法：「如果每個人都能有好的簡報技巧，好知識不就可以順利傳播嗎？」

我這時才發現：「只有自己會好的簡報技巧是不夠的！」因為這只能影響身邊的 20~30 個人而已，於是我不斷思考還有沒有更好的辦法，能去影響更多人，最後我發現：「教會大家簡報不就得了？」

但是會做不等於會教，為了補足這段差距，我開始學習如何教學，在上了很多課、讀了很多書，並且把自己會的東西濃縮統整之後，我理出一套自己的方法論，因為有在網路上分享作品跟心得，慢慢的有人認識我，並且邀請我去演講或教學，我也開始達到我的目的：「讓更多人學會好的簡報技巧，讓他們能影響更多的人。」

也因為演講與授課，我能觸及的人數開始上升。從原本的身邊 20 人，拉高到一次大型演講就有 200、300 人。

當時除了現場教學，我也會把教學投影片轉換成圖片檔，附上文

字說明，放在網路上分享給大家，也許是因為圖片很吸睛簡潔，有許多人關注並且分享，而且我聽過一個說法，就是臉書貼文實際的觸及人數，可以用一個公式來概算，就是分享數乘以 100，就會等於這則貼文真正的觸及人數。這公式讓我發現了另外一個世界！

因為我再怎麼努力的教學，一次了不起只能分享給 200、300 人知道，更何況我不可能天天教學。

> **但是若把知識放在網路上散播，只要有三個人分享，就有可能觸及到 300 個人。**

於是我開始試著把一些專業知識做成懶人包放到網路上，獲得很棒的迴響。而我也是在這時候體悟到，懶人包的呈現要跟一般上台簡報不一樣，必須改變以前的作法，因為這是一種沒有人講解的簡報，如果你能在每個畫面中就把事情交代清楚，不用另外加上文字敘述，就能加速觀眾理解，幫他們節省腦力，觀眾看得懂、有印象，就樂於幫你分享。

這段時間我也搭上了好幾次時事的熱潮，例如【如何面對兒童性騷擾懶人包】一推出，就將近快 5000 次分享。【勞基法懶人包】更是將近 15000 次。若用剛剛的公式來計算，等於一個星期可以觸及到 500000-1500000 人啊！

就算不眠不休連續演講一個星期都說不定沒辦法觸及到這麼多人，這讓我真正體會到懶人包的力量。

我不禁想：「如果每個人都能把自己的專業做成懶人包，並且大量散播，那整個社會不就能變得更好嗎？」

所以我就開始分析為什麼我的懶人包能有這麼大的分享數，一般人又該怎麼做到這件事情，最後創造出懶人圖解簡報的方法論，並且開始推廣教學，因為我覺得成功不必在我，除了我自己會做之外，我更希望有更多更多的人會這項技能，讓真正的專家有發聲的管道，讓各領域的好知識散播出去，讓每個人能吸收正確觀念，而不是被假新聞或錯誤訊息塞滿。

　　而且我一個人的力量很小，了不起能觸及到幾十萬人而已，況且我也沒有辦法涵蓋各領域的專業知識，因此如果有更多的人一起加入，就能讓更多好知識有效傳播，讓更多人受惠。

> **因此我希望每個人都學會這項技能，能把自己多年累積的專業知識、工作經驗、或者生活上的體悟，變成簡單易懂的知識，並且搭配吸睛簡潔的圖像，即使不是專業設計背景，也能做出令人想看的懶人圖解簡報！**

　　當你看到這裡時，其實你已經學會了這套懶人圖解的方法論，無論是自身資源盤點、剖析觀眾、必備內容、架構強化、排版秘訣、後續處理…等，我相信你都已經瞭解，而古希臘哲學家柏拉圖說過一段話：「開始，是工作裡最重要的部分」。

　　你已經具備了相關知識，現在就差最後一步，就是實際做出你的懶人圖解簡報，觸及你想觸及的目標群眾，並且引發他們的改變。

　　接下來，就是屬於你的時間了，我很期待你的作品，讓我們一起傳播好知識吧！

【View 職場力】2AB945

懶人圖解簡報術：
把複雜知識變成一看就秒懂的圖解懶人包

作者	林長揚
責任編輯	黃鐘毅
版面構成	江麗姿
封面設計	黃聖凱（黃凱）
行銷企劃	辛政遠、楊惠潔

總編輯	姚蜀芸
副社長	黃錫鉉
總經理	吳濱伶
發行人	何飛鵬
出版	電腦人文化
發行	城邦文化事業股份有限公司
	歡迎光臨城邦讀書花園
	網址：www.cite.com.tw

香港發行所	城邦（香港）出版集團有限公司
	香港灣仔駱克道 193 號東超商業中心 1 樓
	電話：(852) 25086231
	傳真：(852) 25789337
	E-mail：hkcite@biznetvigator.com

馬新發行所	城邦（馬新）出版集團
	Cite (M) SdnBhd 41, JalanRadinAnum,
	Bandar Baru Sri Petaling, 57000 Kuala
	Lumpur,Malaysia.
	電話：(603) 90578822
	傳真：(603) 90576622
	E-mail：cite@cite.com.my

印刷	凱林彩印股份有限公司
	2023 年（民 112）10 月 初版14刷
	Printed in Taiwan
定價	320 元

客戶服務中心
地址：10483 台北市中山區民生東路二段 141 號 B1
服務電話：(02) 2500-7718、(02) 2500-7719
服務時間：週一至週五 9：30 ～ 18：00
24 小時傳真專線：(02) 2500-1990 ～ 3
E-mail：service@readingclub.com.tw

※ 詢問書籍問題前，請註明您所購買的書名及
書號，以及在哪一頁有問題，以便我們能加快處
理速度為您服務。

※ 我們的回答範圍，恕僅限書籍本身問題及內
容撰寫不清楚的地方，關於軟體、硬體本身的問
題及衍生的操作狀況，請向原廠商洽詢處理。

※ 廠商合作、作者投稿、讀者意見回饋，請至：
FB 粉絲團・http://www.facebook.com/InnoFair
Email 信箱・ifbook@hmg.com.tw

版權聲明／本著作未經公司同意，不得以任何方
式重製、轉載、散佈、變更全部或部分內容。

商標聲明／本書中所提及國內外公司之產品、商
標名稱、網站畫面與圖片，其權利屬於該公司或
作者所有，本書僅作介紹教學之用，絕無侵權意
圖，特此聲明。

國家圖書館出版品預行編目資料

懶人圖解簡報術：把複雜知識變成一看就秒懂
的圖解懶人包 / 林長揚 著 . -- 初版 . -- 臺北市
: 電腦人文化出版：家庭傳媒城邦分公司發行，
民 108.3
面；　公分

　ISBN　978-957-2049-08-2（平裝）
　1. 簡報

494.6　　　　　　　　　　　　　107022160